渤海新区海岸带
水生态环境评价与保护

（上　册）

牛桂林　刘修水　刘俊滨　著

内容简介

通过建立渤海新区海岸带的生态环境评价体系，对其生态环境现状及已制定规划状况进行评估，同时建立水污染负荷预测模型，了解、预测水污染负荷在陆域的变化趋势，并与水动力-水质模型进行耦合；研究污染物在渤海湾的扩散、降解规律，区域性污染产生、输移、转化过程和机理，并探索减轻污染的对策，为渤海新区海岸带未来规划方案提出研究方略，对促进渤海新区海岸带的环境经济协调发展具有重要现实意义。

本书可供从事海洋、环境、地质、设计人员学习，亦可作为科研及高等院校师生参考用书。

图书在版编目（CIP）数据

渤海新区海岸带水生态环境评价与保护. 上册 / 牛桂林，刘修水，刘俊滨著. -- 北京 ：气象出版社，2022.9

ISBN 978-7-5029-7801-3

Ⅰ. ①渤… Ⅱ. ①牛… ②刘… ③刘… Ⅲ. ①渤海－海岸带－水环境－环境生态评价②渤海－海岸带－水环境－生态环境保护 Ⅳ. ①X143

中国版本图书馆CIP数据核字(2022)第163467号

Bohai Xinqu Haiandai Shuishengtai Huanjing Pingjia yu Baohu(Shangce)

渤海新区海岸带水生态环境评价与保护(上册)

牛桂林　刘修水　刘俊滨　著

出版发行：气象出版社

地　　址：北京市海淀区中关村南大街46号　　邮政编码：100081

电　　话：010-68407112(总编室)　010-68408042(发行部)

网　　址：http://www.qxcbs.com　　E-mail：qxcbs@cma.gov.cn

责任编辑：张锐锐　郝　汉　　终　　审：吴晓鹏

责任校对：张硕杰　　责任技编：赵相宁

封面设计：艺点设计

印　　刷：北京建宏印刷有限公司

开　　本：710 mm×1000 mm　1/16　　印　　张：6

字　　数：131千字

版　　次：2022年9月第1版　　印　　次：2022年9月第1次印刷

定　　价：55.00元

本书编写组

组　　长：牛桂林　刘修水　刘俊滨

参编人员：牛桂林　刘修水　刘俊滨　谢子书

白风亭　田海军　李文清　郑连合

曹华音　刘忠良　徐世宾　李进亮

梁发彪　任春磊　张清海　崔福占

杨　倩　王劭鹏　孙国亮　付金磊

朱　恒

前　言

河北省沿海地区是京津冀城市功能拓展和产业转移的重要承接地，是华北、西北地区重要的出海口和对外开放门户，具有发展外向型经济的良好条件。近年来，沿海滩涂大量开发、利用，与环境保护之间产生了相互影响。在开发中，为避免对当地的环境生态和动植物资源造成不可逆性破坏。本书选择渤海新区沿岸地区为项目研究对象，通过建立渤海新区海岸带生态环境评价体系，促进渤海新区社会、经济和环境协调发展，研究区域性污染产生、输移、转化过程和机理，并探索减轻污染对策，保障区域的可持续发展，具有深远的经济、社会和环境意义。

海岸带是海洋生态系统和陆地生态系统相互作用的交界地带，又是海洋经济活动和陆地经济活动交叉影响的地带。作为一个动态、开放、复杂而脆弱的生态系统，因其具有突出的区位、资源和经济优势，已成为近年来国际研究的热点。

在我国，几乎所有的近岸海域都面临着富营养化等环境污染的威胁。渤海湾属于典型的缓坡淤泥质海岸，且属于半封闭的内海，不利于污染物的迁移扩散，因此，很容易造成局部水质恶化。所以，如何在保证渤海新区海岸带经济快速增长的同时，实现控制海岸带污染、改善环境质量，是当前亟待解决的突出问题。

海岸带生态环境现状研究主要包括海岸带陆域和海域两个方面，对海岸带进行研究必须考虑到海陆的相互作用，研究区域也必须包括其依托的陆域。

建立海岸带开发活动的环境效应指标体系和评价方法，客观评价各类海岸带开发活动的环境与生态效应，对保持海岸带可持续发展至关重要。除此之外，海岸带水环境污染分为点源污染和非点源污染。点源污染在污染负荷总量中比重较大，而非点源污染也是海岸带河口及近海水体陆源污染的重要方面。在某些区域，非点源污染甚至已超过点源污染，而成为河口和近岸海域水体污染的主要原因。在这种背景下，应加强海岸带陆源点源污染及非点源污染研究，为水污染负荷总量的控制与削减提供手段和依据。

在陆域范围内，通过建立渤海新区海岸带的生态环境的评价体系，对其生态环境现状及已制定规划状况进行评估，同时建立水污染负荷预测模型，了解、预测水污染负荷在陆域的变化趋势，并与水动力-水质模型进行耦合，研究污染物在渤海湾的扩散、降解规律，为渤海新区海岸带未来规划方案提出建议，对促进渤海新区海岸带的环境经济协调发展具有重要科学意义。

在海域范围内，建立渤海新区近海潮流水动力模型，考虑不同海况条件下河口可排放的污染元素浓度扩散范围，评价不同海域区划的水生态环境状况，对渤海新区陆域规划后，污染源通过河口向海区的排放量提出了渤海新区近海的生态环境指标。

本研究的技术措施是通过收集和计算陆-海域污染负荷、模拟降雨径流及污染物迁移过程，对渤海新区海岸带区域生态环境进行评价，主要包括地表水环境评价及建立基于压力一状态一响应(PSR)模型的渤海新区海岸带生态环境评价体系进行综合评价。最终，为渤海新区海岸带污染治理及未来规划方案提出建议，对促进渤海新区海岸带的环境经济协调发展具有重要科学意义。其次，陆域污染物迁移的终点是海洋，河口污染物排放量是影响渤海新区近海的重要因素，在陆域污染物迁移的基础上，建立渤海新区二维水动力和污染物扩散模型，模拟污染物浓度和扩散对海域环境的影响范围，评价近岸海区污染程度及其对水产资源的影响。

为总结探讨经济发展对渤海新区海岸带区域生态环境的影响，兹编写本书，以期与同行进行技术交流。由于本书编写时间仓促，所涉及的专业多、工序繁，难免存在不当之处，敬请广大读者赐教指正。

作者

2022 年 5 月

目　录

Chapter1

第1章

渤海新区生态环境现状

1.1 自然地理

渤海新区位于河北省东南部，东临渤海，南接山东省界，西靠河北省腹地，北与天津市毗邻，是河北省沿海地区经济发展、京津冀城市功能拓展和产业转移的重要承接地，是华北、西北地区重要的出海口和对外开放门户，具有发展外向型经济的良好条件。

渤海新区成立于2007年7月，是河北省重点打造的沿海率先发展增长极点，也是国家级经济技术开发区、国家新型工业化产业示范基地、国家海水淡化产业发展试点园区、国家循环化改造示范试点园区、中国北方深水枢纽性港口和中国物流实验基地，下辖“一市四区”，即黄骅市、中捷产业园区、南大港产业园区、国家级临港经济技术开发区和港城区。

渤海新区是中国东部沿海面积最大的开发区，总面积2400 km^2。其中，可建设利用空间1300 km^2，是目前中国沿海临港地区不可多得的“黄金宝地”，再加上海兴县范围，渤海新区规划控制面积达3300 km^2。渤海新区地理位置见图1-1。

1.2 河流与湿地

1.2.1 河流

渤海新区位于渤海之滨，介于海河流域漳卫新河与子牙河之间，涉及河北平原的主要排涝河道，主要河道有北排河、沧浪渠、捷地减河、老石碑河、廖家洼排水渠、南排河、新石碑河、黄浪渠、黄南排干、大浪淀排水渠、宣惠河和漳卫新河等。其中,入海河流超过 10 条,多年平均入海水量为 9.53 亿 m^3,入海沙量 68.65 万 t,其年内分配均集中在 7—9 月。渤海新区水系分布见图 1-2,其主要入海河流如下。

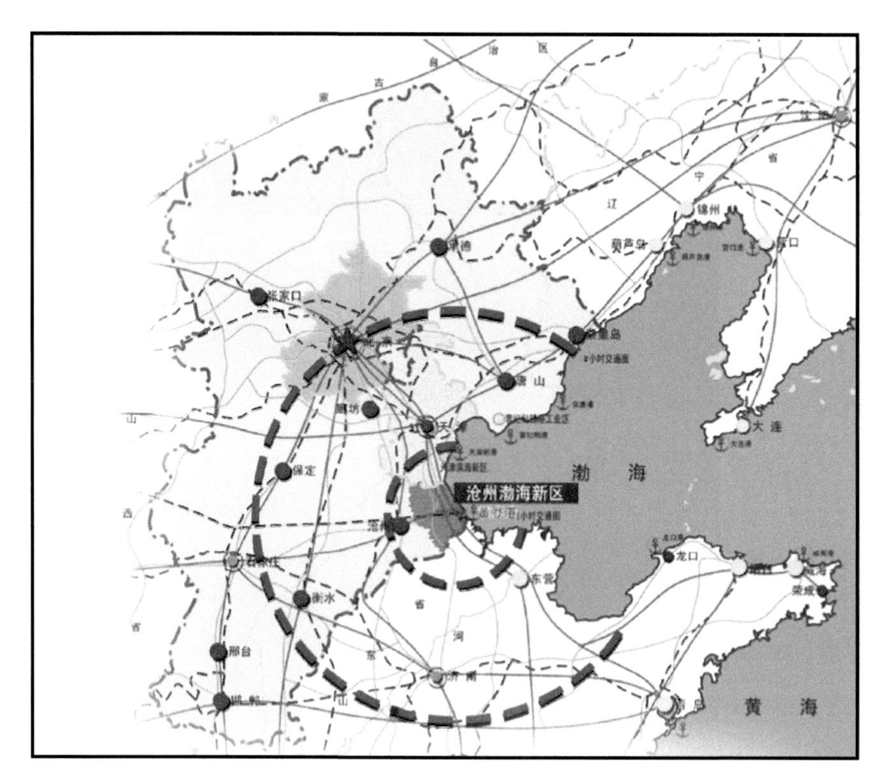

图 1-1 渤海新区地理位置

(1)子牙新河:由河北省沧州市献县枢纽起,于天津市北大港新旧马棚口村之间入海,系分泄子牙河水系的主要行洪通道。全长 143.35 km,多年平均径流量 1.52 亿 m^3。

(2)北排河:在献县枢纽工程以上与东排河相接,入海口在马棚口村南侧。全长 163.4 km,流域面积 1423 km^2,多年平均径流量 0.0982 亿 m^3。

(3)南排河:上游起泊头市乔官屯村,向东经沧县至黄骅市李家堡村入海,是黑龙港流域入海的主要通道。全长 99.4 km,流域面积 19700 km^2,多年平均径流量 0.122 亿 m^3。

(4)宣惠河:上游起吴桥县王指挥庄村,于海兴县付赵乡常庄村东北入海。全长 155.8 km,控制流域面积 3031 km^2,多年平均径流量 0.118 亿 m^3。

(5)石碑河:分新老石碑两河,其中,新石碑河上接石碑河故道而得名。新石碑河西起黄骅市大浪白村西,经赵家堡村入海。全长 50 km,流域面积 523.5 km^2,多年平均径流量 1.882 亿 m^3。

(6)廖家洼排水渠:该渠是运东地区直接入海的干流之一,承担着沧县、黄骅市、南大港农场的排沥任务。全长 86 km,控制流域面积 673 km^2,多年平均径流量 0.00728 亿 m^3。

(7)沧浪渠:该渠是运东地区捷地减河以北的主要排水渠之一。上起沧州市三里庄村,在歧口入海。全长 68 km,承担着沧县、黄骅市 706 km^2 的排沥任务,多年平均径流量 0.118 亿 m^3。

(8)漳卫新河:自山东省德州市武城县四女寺而下,入陵城区,经德城区入河北省沧州市吴桥县,成为冀鲁分界,又顺次自西南向东北流经东光县、宁津县、南皮县、乐陵市、盐山县、庆云县、海兴县、无棣县,至大口河流入渤海。全长 257 km。

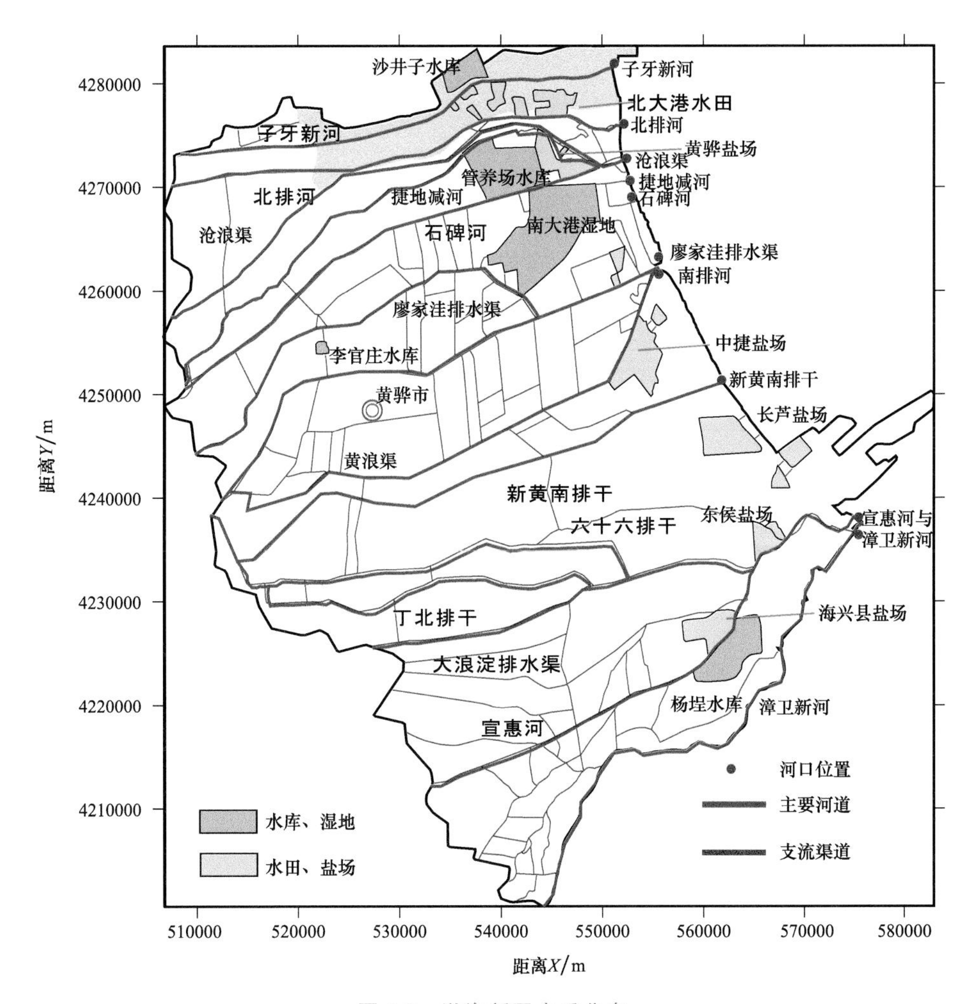

图 1-2 渤海新区水系分布

1.2.2 湿地

渤海新区附近主要有沙井子水库、南大港湿地、杨埕水库、李官庄水库等 4 处开阔深水水面，沿海有长芦盐场、中捷盐场、黄骅盐场、海兴县盐场等 6 处浅水水面。

南大港湿地位于渤海湾顶端，地处沧州市东部沿海地区，属滨海复合型湿地。湿地最高处海拔高度 5.4 m，最低处海拔高度 2.9 m，湿地保护区主要由淡水芦苇沼泽、滩地碱蓬沼泽、海水沼泽等生态系统构成。

南大港湿地动植物物种资源也十分丰富，其中，90%的植被为芦苇。环港森林带宽 10 m、长 30 km，共计林木 6 万株以上，是多处候鸟南北迁徙路线的主要交汇区，也是许多珍稀濒危鸟类的重要栖息地、停歇地和中转地。迁徙季节，大批候鸟在此停歇，补充食物、积蓄能量，每隔 5～10 d 就会更替一批不同的候鸟群体。每年 3 月底至 4 月初和 10 月，在此迁徙、停歇和越冬、繁殖的水鸟达 259 种之多。其中，国家一级保护鸟类有 8 种，分别是黑鹳、白鹤、白头鹤、丹顶鹤、中华秋沙鸭、白肩雕、大鸨、金雕；国家二级保护鸟类有 39 种，包括大天鹅、小天鹅、白枕鹤、灰鹤等。

由于南大港地形环境比较特别，区内既有海水滩涂沼泽，又有淡水沼泽，周边还环向分布着森林带，故而又有海水鸟、淡水鸟与森林鸟共存同一区域的现象，在自然界中极为难得。

1.3 水文气象

渤海新区属于暖温带半湿润季风气候区，冬季受西伯利亚大陆性气团控制，寒冷少雪；春季经常受蒙古大陆变性气团影响，蒸发量大，降水量小，干旱多风；夏季受太平洋副热带高压及西来、西南来的低气压影响，炎热多雨，降水集中，且暴雨强度大；秋季受高压控制，天气晴朗，降水稀少。该区历来季节灾害频发，且缺乏规律性。季节性的大风天气比较显著，高温低湿的干热风一般出现在 5—6 月。研究区域在春、夏季偶有雹灾发生，但具有一定的地方性和局地性，降雹区一般宽度在百米至数千米，多出现在 4—10 月。黄骅市年均降水量 627 mm，年均温度 12.5 ℃。海兴县年均降水量 600 mm，年均温度 12.1 ℃。

渤海湾水温的空间分布较均匀，时间变化显著；冬季沿岸水温低于湾中，1 月最低，略低于 0 ℃；夏季沿岸水温高于湾中，8 月最高为 28 ℃；水温年变差在 28 ℃以上。渤海湾冬季常结冰，冰期始于 12 月，终于翌年 3 月；冰量 5～8 级（以冰盖面占总海面的十分比为级）；历史上曾出现 2 次严重大冰封（1936 年和 1969 年），湾内冰丘迤逦，全被封冻，冰厚 50～70 cm，最厚达 1 m。渤海湾的盐度分布趋势是湾中高于近岸，分别为 2.9%～3.1%和 2.3%～2.9%；紧邻岸滩一带受沿岸盐田排卤的影响，盐度高达 3.3%；盐度的年变差 0.8%。

1.4 地质地貌

渤海新区以海拔高度 0.9～2.0 m 的泻湖平原地貌为主；北侧与北大港之间为规模较大的古河道，宽 4～5 m，高出两侧洼地 1～5 m；作为海陆交错带，塑造成的微地貌则变化多样，大致可分为高平地及间隔的岭子地、岗坡地、微斜缓岗地、低洼潮地、槽状洼地和泻湖沉积。黄骅市全境地势平坦，自西南向东北倾斜，自然地形纵坡在 1/15000 左右，西部最高海拔高度 15.7 m，东部最高海拔高度 3.0 m，主要为内陆平原地貌和海岸地貌。黄骅海岸属于淤积型泥质海岸，平坦宽阔，滩涂面积约 266.7 km^2；其中，潮间带面积约 140.0 km^2，潮上带面积约 126.7 km^2。海兴县地处河北平原东部的海滨平原，全境只有 1 座小丘，海拔高度 34.6 m，平地海拔高度 5.0～6.0 m。

渤海新区位于冀鲁断拗区中部，其周围主要受北东向的新华夏构造体系运动的影响和控制，北西向的小型构造与之交汇处伴有地震发生。第四纪以来，新构造运动比较稳定，区域沉积类型受黄河的影响较大，主要有冲积、泻湖沉积、海积、生物堆积和人工堆积等，发育堆积型海岸地貌，在大地结构上属于中生代以来甚为发育的新华夏系东北向断裂结构的黄骅凹陷区。在拗陷内部，平行于拗陷轴向的张性断裂发育，由几个次级拗陷组成。在黄骅市，基岩埋深 2000 m 左右。黄骅市的石油资源，形成于距今 4.8 亿～4.4 亿年前的奥陶纪，一般埋深 3000 m。受中生代燕山运动、新生代喜马拉雅运动影响，老地层之上发育了一套近万米厚的新生代沉积层；最上部的地层以第四纪海相沉积为主，夹有 3 次河湖相沉积的松散层，地层自下而上分为下更新统、中更新统、上更新统、全新统。第四纪后，形成了一条重力异常地壳深断裂带，上面曾有一系列较大的地震活动。

1.5 主要路网、港口

研究区域内有 3 段较长的铁路，即黄万铁路、朔黄铁路和邯黄铁路；高速公路有津汕高速、沿海高速和石黄高速 3 条；国道有 2 条，省道有 5 条。研究区域内路网分布见图 1-3。

渤海新区的黄骅港，位居渤海向内陆延伸的最深处(图 1-3)，是冀中南 6 市和晋、陕、蒙等中西部地区陆路运输距离最短的港口，也是全国第二大煤炭输出港口。黄骅港具有 20 万 t 级航道，2016 年以来，港口吞吐量增速居全国主要港口首位，为全国第一大能源港。

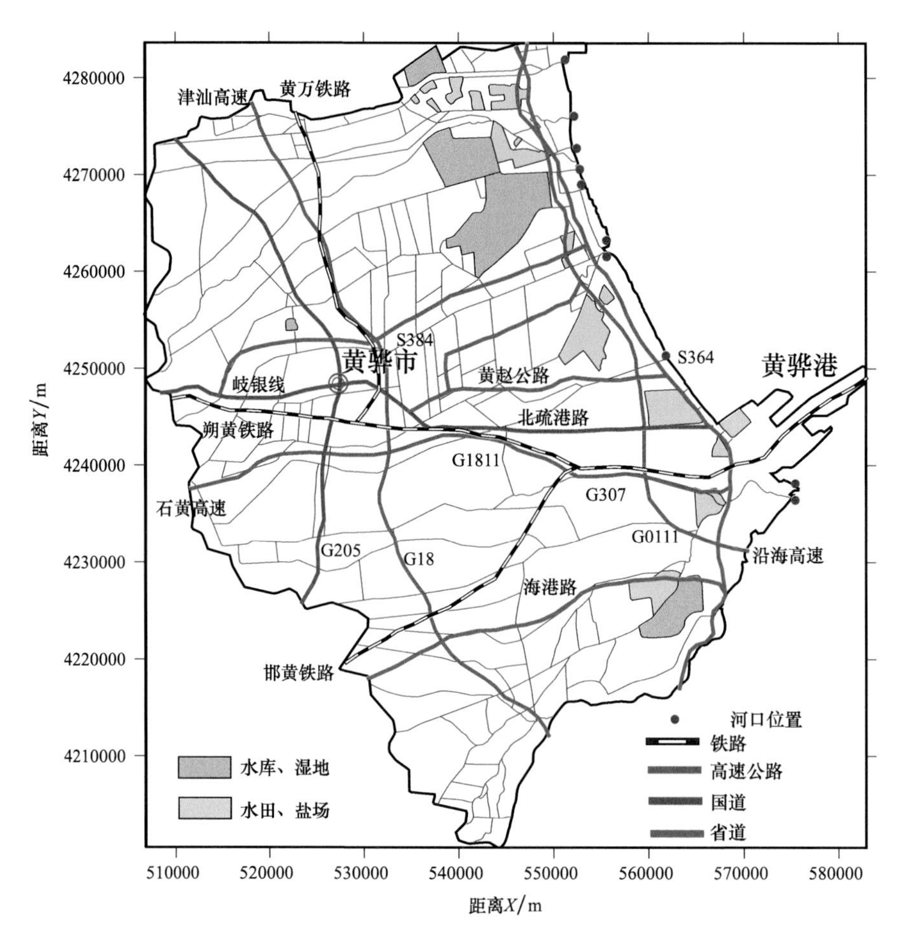

图 1-3　研究区域内路网及港口分布

1.6 社会经济

黄骅市总面积1544.7 km²，经济发展迅猛，居河北省前30位。立足于港口、土地、资源、产业等优势，黄骅市重点培育石油化工、汽车装备、五金制造、现代物流等产业，集聚了北京汽车集团有限公司、信誉楼百货集团有限公司、河北长海物流集团有限公司、河北浅海石油化工（集团）有限公司等一大批实力雄厚的企业。

港城区是1992年河北省人民政府批准设立的省级经济技术开发区，其依托黄骅港的建设而发展壮大。2007年，渤海新区成立后，管理委员会驻地设立在黄骅港开发区。港口、物流、钢铁、装备制造等产业分布在港区范围内，已形成强大的产业集群。

中捷产业园区的前身为中捷友谊农场，是一个国际合作性的大型农垦企业，渤海新区成立后，其更名为沧州市渤海新区中捷产业园区，目前中捷友谊农场的名称继续保留。中捷产业园区区域面积268 km^2，总人口4.2万人。现区内已形成石油化工、石材、建筑材料、现代农业、五金机械等超过10个大规模产业；其中，石油化工是中捷产业园区的主导产业。

南大港产业园区的前身为省属大型农工商联合企业南大港农场，随着渤海新区的成立，其更名为沧州市渤海新区南大港产业园区，至今仍保留国营南大港农场，享受国家农垦政策。南大港产业园区的产业体系，以石油化工、生态旅游、机械铸造、五金加工等为主导。园区拥有1.26万 hm^2 省级湿地和鸟类自然保护区，保护区内有野生鸟类14类38科251种，其中，国家一级保护鸟类有8种，二级保护鸟类有24种；保护区内有植物140种，并有种类繁多的陆生动物及鱼虾、浮游生物。独特的自然环境、深厚的历史文化底蕴，使这里成为鸟类的天堂，兼兴鱼苇之利。丰富的石油、天然气储量，重组的饲草资源，辽阔的沿海滩涂，蕴含了无限的发展潜力。

国家级临港经济技术开发区（化工园区）规划面积26 km^2，是环渤海地区的大型化学工业基地，其分为盐化工、石油化工、精细化工、煤化工、合成材料和仓储贸易区。化工园区已吸引法国液化空气集团、美国AP、中国化工集团有限公司、香港华润（集团）有限公司、冀中能源集团有限责任公司、北京康辰药业股份有限公司等多家国内外知名企业入驻，初步形成了以石化聚氯乙烯（PVC）、甲苯二异氰酸酯（TDI）、己内酰胺（CPL）为主体，拉动精细化工、煤化工和盐化工共同发展的循环体系。

“十二五”时期，渤海新区保持了平稳较快发展的良好态势，初步形成港产城互动发展格局。其中，地区生产总值年均增长9%，占到沧州市总量的1/6；固定资产投资年均增长19%，占到沧州市总量的1/3；全部财政收入年均增长17%，占到沧州市总量的1/5；公共财政预算收入年均增长25%，占到沧州市总量的1/5。

当前，我国经济发展进入新常态，对外开放浪潮由南向北强势推进，京津冀和环渤海成为继珠三角、长三角之后，我国开放发展的热点区域。地处环京津、环渤海中心地带的沧州市渤海新区，面临河北省沿海地区率先发展、京津冀协同发展、“一带一路”开放发展、环渤海地区合作发展、雄安新区规划建设等重大历史机遇，港口、区位、交通、空间、产业、政策等“六大优势”加速转化，正迎来大发展、快发展的“黄金期”。

“十三五”时期，是渤海新区发展的战略黄金期，渤海新区将全面实施港口国际化、产业集群化、全域城市化、环境生态化战略，着力打造全国新型工业化基地、京津冀协同发展先行区、环渤海现代商贸物流重要基地、河北新型城镇化与城乡统筹示范区，加快建设沿海强区、壮美港城。2020年，主要经济指标在2015年基础上“翻一番”，地区生产总值达到1000亿元，全部财政收入达到200亿元，公共财政预算收入达到100亿元，固定资产投资达到2000亿元。

渤海新区包括其核心区和海兴县。核心区包括黄骅市、中捷产业园区、南大港产业园区、港城区和临港经济技术开发区，核心区面积 2400 km^2，海岸线约 130 km。

渤海新区辐射面积近 80 万 km^2，包括 43 个设区市、330 个县(市)，聚集着 1.4 亿人口，超过 2 万亿 GDP，占全国经济和人口总量的比重均在 10%左右。仅作为河北省内腹地的冀中南 6 个市，就占河北全省经济总量的 2/3 左右。

Chapter2

第2章

渤海新区总体规划

根据渤海新区总体规划，将紧扣“五大发展理念”，进一步强化“一市四区”一盘棋思想，以“京津城市功能拓展和产业转移的重要承载地”为目标，着力打造生态优先、产城融合、职住平衡、宜居宜业的示范城市。渤海新区现有人口60万人，到2030年，渤海新区城乡居民点建设用地将控制在465.8 km^2以内，中心城区人口将控制在115万人以内，城市建设用地将控制在127.0 km^2以内。

2.1 把握区域协同机遇

对接京津，培育壮大生物医药、高新技术、高端装备制造等新兴产业，以及加快石化、冶金等传统优势产业的延伸发展，大力发展现代农业和休闲旅游业；同时，加强与沧州都市区和冀中南区域的共建共享和合作分工，促进渤海新区外向型经济的发展，打造河北省“一带一路”重要战略门户。

2.2 落实全域城乡统筹

加快构建多元化发展动力，形成“一轴（‘沧黄港’区域发展主轴）两带（西部城镇发展带和东部滨海发展带）、一区（港城一体化地区）双核（中心城区和临港产业新城）”的市域空间结构。

2.3 贯彻绿色发展理念

更加重视对于水系、湿地、沿海滩涂、候鸟迁徙带等生态资源的保护，着力构建南大港湿地生态核心、杨埕水库湿地生态核心、齐家务—官庄农业重点发展片区、常郭—赵毛陶农业重点发展片区、高湾—张会亭农业重点发展片区、子牙新河生态带、沿海生态带、宣惠河生态带等生态区。

2.4 带动交通先行

积极对接“一带一路”和京津冀区域交通网，加快构筑融入区域、多向联通的对外交通系统。加快黄骅港向现代化综合大港转变，打造区域综合交通枢纽。同时，通过城际铁路、城市道路的先行建设，引导港城一体化地区的空间拓展与整合，支撑产城关系的重构。

2.5 优化城市空间布局

引导黄骅城区和中捷城区相向发展，合力共建城市主中心；同时，整合优化城市生产、生活、生态空间，打造“北居南工、一主两副”城市格局。

在应对发展需求上，强调“港城一体”。以港城一体化作为市域发展的核心功能区，明确港城一体化空间布局框架，承接区域产业转移。引导中心城区和黄骅港临港地区有序互动，带动石衡沧整条产业功能带的集聚发展。

Chapter3

第3章

渤海新区海岸带生态环境保护和规划

3.1 国内外海岸带生态环境评价研究状况

对于生态环境评价：对中国城市化进程中的生态环境保障程度进行研究；运用主因子分析法，选取评价指标，对青岛市海洋生态环境承载力进行研究；选取资源和环境要素，构建生态环境承载力指标体系，分析了榆林市的生态环境承载力；选取社会、经济、生态、环境4个方面的指标体系，对近海海域生态环境承载力进行研究；对海河流域生态环境承载力时空差异进行研究。

由于生态系统的复杂性和多样性，在实际的评价过程中，需要根据研究区域的环境条件和社会经济特点，选取合适的指标，建立符合当地实际情况的评价指标体系和评价模型，据此，对生态系统健康进行评价。研究中，采用较多的评价模型主要是多因子综合评价模型，包括压力—状态—响应（PSR）模型、驱动力—状态—响应（DSR）模型、驱动力—压力—状态—暴露—影响—响应（DPSEEA）模型、驱动力—压力—状态—影响—响应（DPSIR）模型等。其中，PSR模型由于具有清晰的因果关系，在各类生态系统健康研究中得到了较为广泛的应用。

PSR模型是经济合作与发展组织（OECD）与联合国环境规划署（UNEP）共同提出的。目前，PSR模型在环境、生态、地球科学等领域中被广泛承认和使用。通过PSR模型，构建土地可持续利用指标体系；采用主成分分析和聚类分析，对山东省17个市（县、区）的土地可持续利用水平进行实证分析。以PSR框架模型为研究方法，构建三峡库区忠县汝溪河流域生态系统健康评价体系；采用层次分析法，确定该流域各指标的权重值；运用流域生态系统健康综合指数模型，对该流域进行综合健康评价分析。采用PSR评价模型，选取人口密度、人类干扰指数等9个评价指标，分析评价了天津市七里海湿地的生态环境脆弱性状况。

国内外关于海岸带生态环境健康、生态安全评价及生态规划研究，有过相关报道。如基于PSR-TOPSIS(双基点法)的青岛市海岸带生态安全评价研究；基于PSR模型的江苏省海岸带生态系统健康时空变化研究；河北省海岸带生态环境效应评价指标选择研究；基于风险评价再利用资源管理(RRM)的海岸带生态风险评价研究；胶州湾海岸带生态系统健康评价与预测研究；河北省典型滨海湿地演变与退化状况研究；天津市海岸带生态系统健康评价研究；海岸带生态安全评价模型的构建方法研究；西班牙生态补偿和环境影响评估研究；基于污染物排放容量总量控制的玛纳斯河流域水环境规划与管理研究；海岸沿海潮汐流中悬浮的沉积物的运输模式研究；纽约州和新泽西州海岸植物群落的生态观察研究等。

本书通过建立陆域、海域数学模型，将现状条件下渤海新区范围内与生态环境有关的主要因素进行概化，并建立一套完整的指标评价体系，分析现状条件下渤海新区范围内陆域、海域的环境健康水平等综合技术特点的海岸带水生态评价与保护研究。

3.2 非点源污染负荷估算及预测研究

海岸带污染可分为点源污染和非点源污染。非点源污染 (NPS)是指各类污染物在大面积降水和径流冲刷作用下，汇入受纳水体而引起的水体污染，又称为面源污染。污染物类型包括泥沙、营养物(以氮和磷为主)、可降解有机物(生化需氧量、化学需氧量)、有毒有害物质(重金属、合成有机化合物)、溶解性固体及固体废弃物等。非点源污染的研究开始于对其机理的认知，对非点源污染迁移转化的物理化学机制的研究是进行模型定量化研究的基础。

3.2.1 非点源污染机理

在欧美地区，除了陆域的河流、湖泊、水库之外，海岸带区域的河口、海湾和近海也早已成为非点源污染研究的重点对象。例如，五大湖、切萨皮克湾、墨西哥湾、密西西比河等。而且，国外对海岸带非点源污染的研究，涉及的问题更广泛、更深刻，如长时间尺度气候变化(降水)对入海河流非点源污染的影响；农业与城市化对海岸带非点源污染负荷的影响；非点源污染对陆域水体及近海生态系统的影响；海岸带陆源非点源污染的控制等。

在我国，对非点源污染的研究尚处于初始阶段，包括海岸带污染物入海通量、河口营养盐输送、河口污染特征、近海水体与底泥中的污染负荷、近海水域环境容量等。国内学者也开展了相关的研究，研究了厦门市近岸海域近10 a的废水和主要污染物质排放量，计算了农业非点源污染负荷和城市非点源污染负荷，并估算了海岸带污染负荷；估算了盐城海岸带陆源氮、磷污染负荷的分配情况，发现养殖水域氮、磷排放是海岸带陆源污染的主要原因；对东南沿海中小流域非点源污染进行了研究与分析等。

3.2.2 非点源污染数学模型

非点源污染模型可模拟非点源的形成、迁移转化等，预测规划措施对污染负荷和水质的影响，为非点源控制和管理的定量化提供有效的技术手段。

国外对非点源污染数学模型的研究较早。20 世纪 70 年代，由美国农业研究局(ARS)开发的径流一侵蚀量模型(CREAMS)，可在估算田块径流、泥沙和农田化合物流失量的基础上，评价不同耕作措施对非点源污染负荷的影响，适于田块尺度过程的计算；1986 年，ARS 与明尼苏达污染物防治局共同研制了流域分布式事件模型——农业非点源污染模型(AGNPS)，其包括水文、侵蚀、泥沙和化学物质传输等模块；20 世纪 90 年代初，ARS 开发了以日为步长的、具有物理机制的、适用于大尺度和中尺度的流域管理模型——水文评价模型(SWAT)，在以农田和森林为主的流域，它是具有连续模拟能力的最有前途的非点源模型。

我国对于非点源污染模型的研究起步较晚，但也取得了一定成果。建立了农田区域径流污染负荷经验模型；分析了杨子坑小流域氮、磷负荷随降雨径流过程的动态变化规律，建立了降雨和径流、径流和污染物负荷输出之间的数学统计模型；建立了一系列模型预测渭河流域非点源污染负荷，如灰色神经网络预测模型、改进的非点源污染负荷自记忆预测模型等，为有限资料条件下非点源污染负荷的预测提供了有效的方法。将地理信息系统(GIS)、遥感(RS)技术与非点源污染模型相集成，可以为模型的计算提供强大的前后处理分析模块，近年来，成为了研究的主要方向。

3.3 点源污染负荷估算及预测研究

通常，点源污染的产生量在年内分配比较均匀，一般包括工业废水、城市生活污水以及旅游产生的污水。在污染负荷总量中，一般点源污染的比重相对较大，尤其是在化工产业聚集的沧州市渤海新区海岸带。基于不同行业污水的产生形式、排放形式及影响因素不同，可对不同行业污染负荷采取不同的估算与预测方法，如灰色预测、统计回归、经验公式等，或将几种方法综合使用，以达到合理、满意的预测结果。

我国在点源污染负荷估算及预测方面取得了一些成果。采用灰色模型 GM(1,1)进行预测，计算工业废水产生量，用经验公式估算城市生活及旅游废水产生量；针对三峡库区香溪河流域点源和面源污染负荷特点，建立了模糊预测模型，对点源污染负荷进行了分析预测；综合采用 GM(1,1)模型和曲线拟合法，建立了适合海岸带的陆源水污染负荷预测模型，并将其应用于烟台市，对 2009—2013 年的主要污染负荷量进行了预测。

3.4 渤海综合治理攻坚战实施方案

3.4.1 陆源污染治理

采取不达标入海河流综合整治行动。加强汇入渤海的主要河流及流域水环境综合治理，逐步实施流域总氮、总磷特别排放限值，削减污染物入海量。以区域内廖家洼排水渠、宣惠河、石碑河、南排河等重点入海河流污染严重的河段为重点，实施河道综合整治，开展河道清淤疏浚，建设生态护坡护岸，强化河道自然岸线修复与恢复。积极探索，将流域内的污水处理厂出水进行深度处理，作为河流的生态补水，确保河流生态流量。2018 年，漳卫新河与石碑河指标达到Ⅴ类要求；沧浪渠化学需氧量浓度不超过 50 mg/L，其他指标达到Ⅴ类要求。2019 年，子牙新河氨氮浓度不超过 6.5 mg/L，其他指标达到Ⅴ类要求；廖家洼排水渠指标达到Ⅴ类要求；南排河化学需氧量浓度不超过 50 mg/L，其他指标达到Ⅴ类要求。2020 年，北排河指标达到Ⅴ类要求，宣惠河化学需氧量浓度不超过 50 mg/L，其他指标达到Ⅴ类要求。

3.4.2 直排海污染源整治

对陆地和海岛上所有直接向海域排放污（废）水的排污口进行全面溯源排查，2018 年底前，对入海排污口建立“一口一册”管理档案。由污染治理责任单位组织开展自行监测，并定期将监测结果报送当地环保部门。2018 年底前，沿海城市完成不达标直排海污染源全面稳定达标排放方案的制定。2019 年底前，率先完成超标排放的日排水量 100 m^3 以上的直排海污染源整治，并实现稳定达标排放。2020 年，直排海污染源全部实现稳定达标排放，且满足污染物排放控制要求。对于不达标直排海污染源，依法采取限制生产、停产整治等措施。

3.4.3 沿海地市总氮排放总量控制

全面推进沿海城市涉氮固定污染源治理，开展依排污许可证执法，确定对应行政区域涉氮行业排放总量控制指标，实施城市区域内的行业排放总量控制。

(1)强化工业污染防控及“散乱污”企业清理整治。

(2)推进化肥农药使用零增长，推广秸秆资源化利用、畜禽粪污资源化利用与无害化处理。

(3)加大农村环境综合整治力度，以入海河流两侧 1000 m 范围内的“傍水”村庄为重点，全面实施农村污水、垃圾处置等农村清洁工程。

3.4.4 海域污染治理

推进水产养殖池塘标准化改造、近海养殖网箱环保改造、海洋离岸养殖和集约化养殖。

(1)持续强化船舶污染防治水平。不符合新修订标准要求的船舶有关设施、设备的配备或改造,实施船舶污染物接收、转运、处置闭环管理。

(2)开展渔港摸底排查工作,加强含油污水、洗舱水、生活垃圾和污水、渔业垃圾等的清理和处置,推进污染防治设施建设和升级改造,提高渔港污染防治监督管理水平。

(3)加快海洋垃圾处理处置及有关设施建设。实施垃圾分类制度,海域建立"海上环卫"制度,按照"陆海统筹""河海共治"的原则,对主要入海河流和近岸海域,开展海洋垃圾综合治理。

(4)加强海湾管理,实现"水质不下降、生态不退化、功能不降低",有针对性地提出污染治理、生态保护修复、环境监管等整治措施。

3.5 渤海新区产业规划

3.5.1 总体目标

(1)经济结构进一步优化,产业继续向集聚化、高新化、生态化方向发展,初步形成以现代制造业和服务业为主导,高技术产业、特色农业协调发展的新格局。

(2)巩固产业特色优势,将渤海新区建设成为布局合理、特色鲜明、功能完善、环境优美、文明富裕、协调发展的新型工业化示范区,为河北省构建和谐社会提供成熟的示范样板。

3.5.2 功能定位

(1)京津冀都市圈重要的产业集聚区、河北省新的经济增长极。做大做强石油化工、能源电力、钢铁、机械装备制造等支柱产业,着力培育物流、修造船等特色产业,承接产业转移,提升产业整体实力,建立既符合环境要求、资源要求,又与京津冀、环渤海相融合的现代特色产业体系,面向"三北"地区的重要物流基地。

(2)国家循环经济示范区。以资源充分利用和产业协调发展为目标,按照产品上下游关系构筑产业链条,坚持区域发展、产业布局和环境保护相协调,保护并合理利用渤海新区自然和生态环境资源,将渤海新区建成华北地区资源集约型、环境友好型、可持续发展的循环经济示范区。

(3)冀中南生态宜居新城。按照"以城带业、以业兴城"的思路建设黄骅新城。将现代物流、文化创意、旅游、商贸等服务业和高新技术产业作为新城产业发展的重点，按照环渤海地区重要的新兴沿海城市标准，积极开展城区园林绿化、污染治理、环境保护和节能减排，把渤海新区建设成为一座空气清新的高科技、现代化、园林式的生态宜居新城。

3.5.3 重点产业

(1)化学工业。打通整个上下游产业链，形成石油—石脑油—乙烯、环氧乙烷—柴油、汽油、石油焦的完整石油化工产业链。建设甲苯/二甲苯—二硝基甲苯—甲苯二异氰酸酯产业链。

走"盐碱结合、海洋化工"的路子，积极发展盐产品深加工、溴素深加工和苦卤深加工项目，包括烧碱化工、氯碱化工、开发溴素深加工产品、苦卤深加工。

开发、生产具有较大市场前景和附加价值的精细化工，大力发展高科技、高技术含量、绿色环保的新型化工材料系列产品，煤焦油深加工系列产品，香精香料、食品色素、添加剂等，染料、颜料及其中间体系列产品。

发展以炼焦为主体的煤化工，作为石油化学工业的接替产业。重点发展煤气制甲醇，加速 PVC 化工产业向上游煤炭领域拓展，形成盐和煤—电和电石—烧碱和 PVC 的完整产业链。

(2)能源工业。抓好国华沧东电厂建设和华润热电项目建设；做好新区输变电建设；充分利用滩涂和潮汐发电站，积极建设若干风电机组；鼓励利用地热资源，用于发电、供暖和工农业用电热。

(3)钢铁工业。以黄骅港矿石码头为依托，吸引内地或境外钢铁企业搬迁、异地改建等形式，积极推进钢铁规模化生产和各种优质钢、特种钢生产，建成华北最大的特种钢铁生产基地。

(4)机械装备制造业。在继续保持模具、五金等轻型机械装备优势的同时，大力发展船舶修造、大型港口机械、专用汽车及汽车零部件等若干个产业(链)。

(5)现代物流业。以临港产业重大项目为驱动力，依托港口，发挥岸线资源丰富、交通区位条件、腹地资源及先进制造业等优势，着力引进和培养专业物流企业，将物流业打造成拉动渤海新区经济增长、提升渤海新区综合竞争力的主导产业。

(6)特色农产品种养及深加工业。立足现有产业和资源基础，大力发展水产养殖及深加工业，加快发展特色农产品种植，鼓励发展牛羊养殖，培育发展油脂加工业。

(7)建材业。以大力推进 PVC 项目建设和电力项目建设为契机，发展以化学建材业为主的装饰类建材，利用发电厂的粉煤灰，适当发展新型水泥工业。

(8)旅游业。一是以京津冀及环渤海地区旅游者为目标，以滨海旅游为开发建设重点。二是充分发挥生态观光农业资源和自然旅游资源优势，以产业结构调整和园区建设为契机，构建新型工业旅游产品。

Chapter4

第4章

渤海新区海岸带生态环境评价模型理论

4.1 水动力、污染物扩散模型基本理论

4.1.1 平原区域降雨径流水动力模型

4.1.1.1 零维模拟

对于研究区域内湖泊、湿地等水体，采用零维模型来模拟其水流变化。其中，水量交换是水流变化的最主要表现形式，可以忽略动量交换的影响。水位变化是评价水流行为的重要指标，水位的变化规律遵循水量平衡原理，控制方程为：

$$\sum Q = A(z)\frac{\partial Z}{\partial t} \tag{4-1}$$

对式(4-1)进行差分离散，得到：

$$\sum Q = A(z)\frac{Z - Z_0}{\Delta t} \tag{4-2}$$

式中，Q 为湖泊、水库内的蓄水量；Z 为湖泊、水库的水位；Z_0 为底面高程；$A(z)$为湖泊、水库内水面面积与水位的关系函数；t 为时间。

4.1.1.2 二维模拟

整个研究区域内水流变化过程采用二维非恒定浅水运动方程进行模拟。

其连续方程为：

$$\frac{\partial H}{\partial x}+\frac{\partial uH}{\partial y}+\frac{\partial vH}{\partial Z}=q \tag{4-3}$$

运动方程为：

$$\frac{\partial u}{\partial t}+u\frac{\partial u}{\partial x}+v\frac{\partial u}{\partial y}+g\frac{\partial Z}{\partial x}+g\frac{n^2u\sqrt{u^2+v^2}}{H^{4/3}}=0 \tag{4-4}$$

$$\frac{\partial v}{\partial t}+u\frac{\partial v}{\partial x}+v\frac{\partial v}{\partial y}+g\frac{\partial Z}{\partial y}+g\frac{n^2 v\sqrt{u^2+v^2}}{H^{4/3}}=0 \tag{4-5}$$

式中，H 为水深；u，v 分别为 x，y 方向上的平均流速；Z 为水位；q 为汇源项；g 为重力加速度，取 9.8 m/s²。

采用有限体积法对式(4-3)～式(4-5)进行离散，采用非结构不规则网格，按有限体积法布置网格方式，如图 4-1 所示。以每个单元网格为控制体，H 在控制体中心处计算，Q 在控制体周边通道的中点处计算。水量平衡计算时，以控制体各边中点处的通量作为该边的法向通量，可通过中心差分格式或逆风格式计算，然后乘以边长，即为通量沿该边的积分。同时，采用时间交错方式计算 H 和 Q；若在 t 时刻计算网格内水位，各通道流量不变；则下一个计算 $t+\Delta t$ 时刻计算网格周边通道的流量，各单元水位、水深不变，如图 4-2 所示。

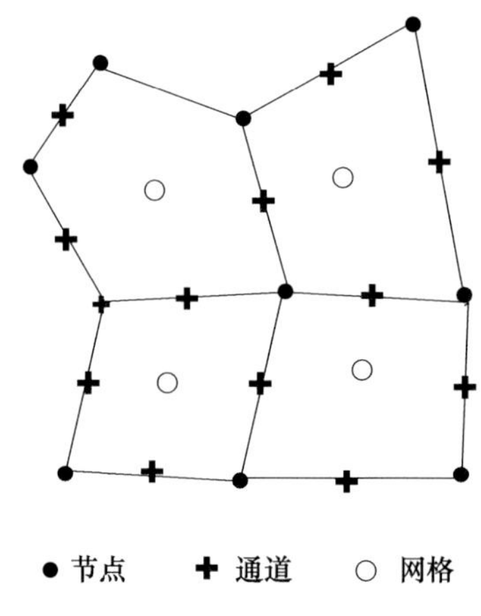

图 4-1　H 与 Q 的空间布置方式

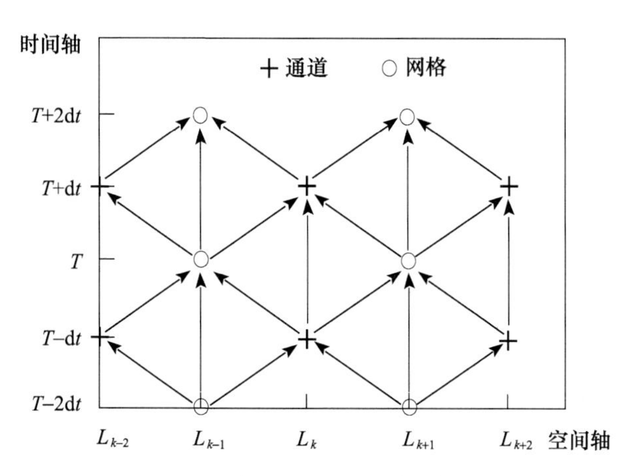

图 4-2　H 与 Q 的时间交错计算方式

(1)连续方程的离散。将连续方程式(4-3)写成矢量形式:

$$\frac{\partial H}{\partial t}+\nabla(H\boldsymbol{V})=q \tag{4-6}$$

式中,$\boldsymbol{V}$ 为控制体周边通道上任意一点的速度矢量;$\boldsymbol{Q}=H\boldsymbol{V}$为单位宽度流量。

将式(4-6)沿单元面面积积分得:

$$\int_{A_i}\frac{\partial H}{\partial t}\mathrm{d}A+\int_{A_i}\nabla\cdot(H\boldsymbol{V})\mathrm{d}A=\int_{A_i}q\mathrm{d}A \tag{4-7}$$

假设水深和源汇项在同一控制体内均呈均匀分布,并且采用格林公式将式(4-7)第 2 项沿控制体的积分转化为沿其周边通道的积分:

$$A_i\frac{\partial H}{\partial t}+\oint_{L_i}(H\boldsymbol{V}\cdot\boldsymbol{n})\mathrm{d}l=qA_i \tag{4-8}$$

式中,A_i 为第 i 个控制体的面积;L_i 为第 i 个控制体的周边通道长度;$\boldsymbol{n}$ 为控制体周边通道的外法向单位向量。

对任意一个控制体,由式(4-8)第 2 项可转化为:

$$\oint_{L_i}(H\boldsymbol{V}\cdot\boldsymbol{n})\mathrm{d}l=\oint_{L_i}Q_i\mathrm{d}l=\sum_{j=1}^{m}Q_{ij}L_{ij} \tag{4-9}$$

式中,m 为控制体的通道个数;Q_i 为第 i 个控制体周边通道的单宽流量,Q_{ij} 为控制体 i 的第 j 个通道上的单宽流量;L_{ij} 为控制体 i 的第 j 个通道的长度。

将式(4-9)代入式(4-8)得:

$$A_i\frac{\partial H}{\partial t}+\sum_{j=1}^{m}Q_{ij}L_{ij}=qA_i \tag{4-10}$$

对式(4-10)进行差分离散,最终得到连续方程的离散形式:

$$H_i^{T+2\mathrm{d}t}=H_i^{l}+\frac{2\mathrm{d}t}{A_i}\sum_{k=1}^{K}Q_{ik}L_{ik}+2\mathrm{d}tq_i^{T+\mathrm{d}t} \tag{4-11}$$

式中,H_i 为第 i 个单元网格的模化水深;A_i 为第 i 个单元网格的面积,Q_{ik} 为单元网格 i 的第 k 个通道上的单宽流量;L_{ik} 为单元网格 i 的第 k 个通道的长度;$\mathrm{d}t$ 为时间步长。

(2)运动方程的离散。根据研究区域内的实际情况,将控制体间通道概化为河道型通道与地面型通道。

河道型通道:两侧为河道型网格,且设置了堤防等阻水建筑物的通道。由于河道走势不断变化,所以在运动方程中保留重力、阻力及加速度项。此时,运动方程可化简为:

$$\frac{\partial u}{\partial t}+g\frac{\partial z}{\partial x}+g\frac{n^2u\sqrt{u^2+v^2}}{h^{4/3}}=0 \tag{4-12}$$

$$\frac{\partial v}{\partial t}+g\frac{\partial z}{\partial y}+g\frac{n^2v\sqrt{u^2+v^2}}{h^{4/3}}=0 \tag{4-13}$$

将运动方程式(4-4)写成矢量形式:

$$\frac{\partial(H\boldsymbol{V})}{\partial t}+(\boldsymbol{V}\nabla)\cdot(H\boldsymbol{V})+gH\nabla Z+g\frac{n^2(H\boldsymbol{V})|(H\boldsymbol{V})|}{H^{7/3}}=0 \tag{4-14}$$

将式(4-14)沿单元通道积分，可得流量矢量和：

$$\int_{A_i}\left(\frac{\partial(H\mathbf{V})}{\partial t}+(\mathbf{V}\ \nabla)\cdot(H\mathbf{V})+gH\ \nabla Z+g\frac{n^2(H\mathbf{V})\left|(H\mathbf{V})\right|}{H^{7/3}}\right)\mathrm{d}l=0 \tag{4-15}$$

假设每个单元水位不变，即单元源汇项在计算通道流量时不直接起作用，则连续方程式(4-7)写成矢量形式：

$$\int_{A_i}\nabla\cdot(H\mathbf{V})\mathrm{d}A=0 \tag{4-16}$$

由于通道流量计算时刻选择了各单元水位不变，则 $\mathbf{V}$ 在通道法线方向为确定量，近似取：

$$\int_{A_i}(\mathbf{V}\ \nabla)\cdot(H\mathbf{V})\mathrm{d}A=\mathbf{V}\int_{A_i}\nabla\cdot(H\mathbf{V})\mathrm{d}A=0 \tag{4-17}$$

此时，式(4-15)可化简为：

$$\int_{A_i}\left(\frac{\partial(H\mathbf{V})}{\partial t}+gH\ \nabla Z+g\frac{n^2(H\mathbf{V})\left|(H\mathbf{V})\right|}{H^{7/3}}\right)\mathrm{d}l=0 \tag{4-18}$$

因通道面积任意选取，式(4-18)的被积函数恒为0。即：

$$\frac{\partial(H\mathbf{V})}{\partial t}+gH\ \nabla Z+g\frac{n^2(H\mathbf{V})\left|(H\mathbf{V})\right|}{H^{7/3}}=0 \tag{4-19}$$

对式(4-19)进行差分离散，最终得运动方程的离散形式：

$$Q_j^{T+\mathrm{d}t}=Q_j^{T-\mathrm{d}t}-2\mathrm{d}tgH_j\frac{Z_{j2}^T-Z_{j1}^T}{\mathrm{d}L_j}-2\mathrm{d}tg\frac{n^2Q_j^{T-\mathrm{d}t}\left|Q_j^{T-\mathrm{d}t}\right|}{H_j^{7/3}} \tag{4-20}$$

式中，Z_{j1}^T，Z_{j2}^T 为通道两侧网格的水深；H_j 为通道上的平均水深；$\mathrm{d}L_j$ 为通道两侧控制体的形心与通道中点的距离之和。

地面型通道：两侧为地面型网格，由于研究区域地形总体变化不大，所以可忽略加速度影响，主要考虑重力和阻力作用。此时，运动方程可化简为：

$$g\frac{\partial z}{\partial x}+g\frac{n^2u\sqrt{u^2+v^2}}{h^{4/3}}=0 \tag{4-21}$$

$$g\frac{\partial z}{\partial y}+g\frac{n^2v\sqrt{u^2+v^2}}{h^{4/3}}=0 \tag{4-22}$$

由于忽略加速度影响，则式(4-15)为：

$$H\ \nabla Z+\frac{n^2(H\mathbf{V})\left|(H\mathbf{V})\right|}{H^{7/3}}=0 \tag{4-23}$$

对式(4-23)进行差分离散，最终得运动方程的离散形式：

$$Q_j^{T+\mathrm{d}t}=\mathrm{sign}(Z_{j1}^T-Z_{j2}^T)H_j^{5/3}\left(\frac{\left|Z_{j1}^T-Z_{j2}^T\right|}{\mathrm{d}L_j}\right)^{1/2}\frac{1}{n} \tag{4-24}$$

式中，sign 为符号函数，使 $Q_j^{T+\mathrm{d}t}$ 与$(Z_{j1}^T-Z_{j2}^T)$取相同的正负号。

(3)单元通道水量交换模式。根据有限体积计算方法及研究区域内实际情况，数学模型的过流通道主要模化为以下12种形式，如表4-1所示。

表 4-1 模型过流通道模化表

通道类型	通道特征	通道类型	通道特征
不泄流边界	0	内溢流坝	6
单元交线	1	不透水坝	7
河道型通道	2	流量输入边界	8
湖泊边界通道	3	溢流边界	9
桥涵通道	4	自由出流边界	10
溃口通道	5	水位流量关系边界	11

单元通道之间的水量交换，主要考虑水面网格单元间、地面网格单元间、水面网格单元与地面网格单元间、河段与地面网格单元间、河段与水面网格单元间及河段与河段间，交换方式如图 4-3a 所示。图中，单元特征 1 表示水面单元，单元特征 2 表示地面单元；通道特征 1 表示网格单元间的交线，水流由地形等因素影响流过；通道特征 2 表示河道型通道；通道特征 6 表示溢流通道。河道型通道端点与水面单元进行水量交换模式如图 4-3b 所示。图中，通道特征 0 为不泄流边界。在研究区域划分网格后，会对其进行拟序处理，对于水流的流动方向，基于单元拟序用正负号来表示，小单元编号向大单元编号的通道流量为正，反之为负，如图 4-3c 所示；河段与单元间、河段与河段间进行水量交换时，流入河段为正，流出河段为负，如图 4-3d 所示；对于河道岔口而言，流出岔口的流量为正，流入岔口的流量为负，如图 4-3e 所示。模型整体水量交换模式如图 4-4 所示。

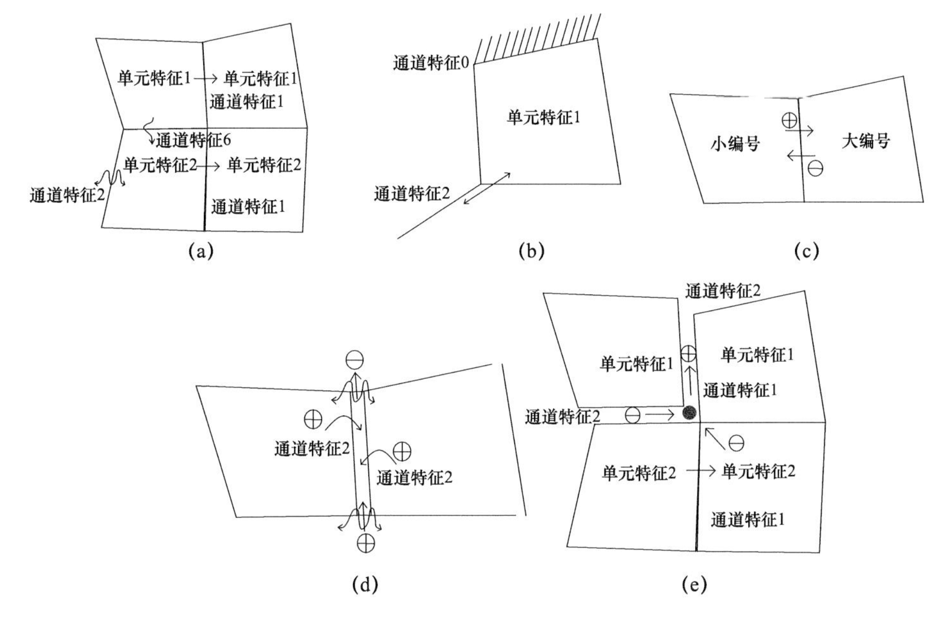

图 4-3 单元通道水量交换模式示意图

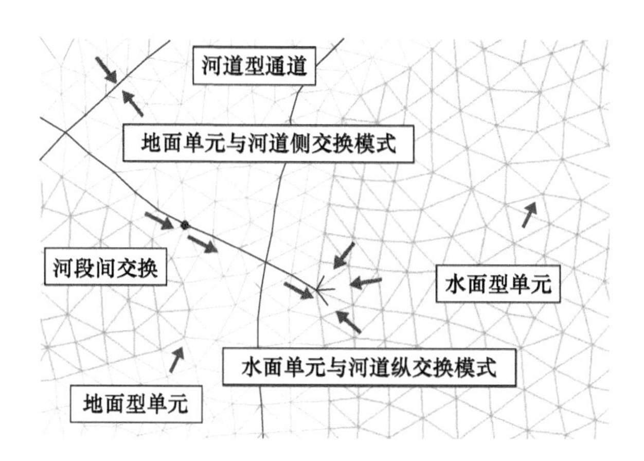

图 4-4　整体水量交换模式示意图

4.1.2　平原河网产、汇流模型

4.1.2.1　产流模型

在平原河网地区进行产流计算时，通常以流域为整体或将流域划分为子区域进行分析计算。区域产流指的是区域内的雨量，扣除损失的雨量，最终形成的净雨量，降雨损失包括植物截留、下渗、填洼与蒸发等。其中，以下渗与植物截留为主。产流计算公式为：

$$R_w = P - f - E \tag{4-25}$$

式中，R_w 为子区域的产流量；P 为子区域的雨量；f 为子区域的下渗量；E 为子区域的蒸发量。

4.1.2.2　河道拟序汇流模型

在利用二维非恒定浅水运动方程模拟网格形心处产流过程后，各网格单元产生的径流会汇入相应的一维河道。对概化后的河道进行分级拟序处理，确定河道、子区域之间的汇流关系。子区域之间的汇流采用水文方法——水量平衡，来建立汇流模型，子区域在汇入下游子区域时将水量平均分配，具体计算如下。

（1）子区域出水水量＝下游子区域入水水量总量

$$\begin{aligned} V'_{1k} &= \sum_{1}^{n_k} V_{2,3,4,\cdots,m} \\ V'_{2k} &= \sum_{1}^{n_k} V_{3,4,\cdots,m} \\ &\cdots\cdots \\ V'_{(m-1)k} &= \sum_{1}^{n_k} V_m \end{aligned} \tag{4-26}$$

(2)子区域出水水量=(入水水量+产流量)×河道汇流系数

$$
\begin{aligned}
&V'_{1k}=S_{1k}P_{1k}K_{1k}\\
&V'_{2k}=(V_{2k}+S_{2k}P_{2k})K_{2k}\\
&\cdots\cdots\\
&V'_{(m-1)k}=(V_{(m-1)k}+S_{(m-1)k}P_{(m-1)k})K_{(m-1)k}\\
&V'_{mk}=(V_{mk}+S_{mk}P_{mk})K_{mk}
\end{aligned}
\tag{4-27}
$$

(3)子区域蓄水量=入水水量+产流量-出水水量

$$
\begin{aligned}
&V''_{1k}=S_{1k}P_{1k}-V'_{1k}\\
&V''_{2k}=V_{2k}+S_{2k}P_{2k}-V'_{2k}\\
&\cdots\cdots\\
&V''_{(m-1)k}=V_{(m-1)k}+S_{(m-1)k}P_{(m-1)k}-V'_{(m-1)k}\\
&V''_{mk}=V_{mk}+S_{mk}P_{mk}-V'_{mk}
\end{aligned}
\tag{4-28}
$$

(4)每个子区域入水水量$=\sum\frac{\text{该子区域的上游子区域出水水量}}{\text{相应上游子区域的下游子区域个数}}$

$$
\begin{aligned}
&V_{1k}=0\\
&V_{2k}=\sum_{1}^{i_k}V'_{1}/n'_{ki}\\
&\cdots\cdots\\
&V_{(m-1)k}=\sum_{1}^{i_k}V'_{(m-2),(m-3),\cdots,1}/n'_{ki}\\
&V_{mk}=\sum_{1}^{i_k}V'_{(m-1),(m-2),\cdots,1}/n'_{ki}
\end{aligned}
\tag{4-29}
$$

式中,V为子区域的入水水量;V'为子区域的出水水量;V''为子区域的蓄水量;m为子区域级别;k为子区域编号;n_k为k号子区域的下游子区域的个数;P为子区域的雨量;S为子区域的产流系数;K为子区域对应的河道汇流系数;i_k为第k个子区域的上游子区域的个数;n'_{ki}为第k个子区域的第i个上游子区域的下游子区域的个数。

4.1.3 污染物迁移模型

污染物的迁移以水为载体,随降雨径流的产、汇流过程迁移。污染物迁移需遵循污染物量的平衡原则,具体计算如下。

(1)子区域污染物出流量=该子区域的下游子区域污染物入流量总量

$$
\begin{aligned}
&M'_{1k}=\sum_{1}^{n_k}M_{2,3,4,\cdots,m}\\
&M'_{2k}=\sum_{1}^{n_k}M_{3,4,\cdots,m}
\end{aligned}
\tag{4-30}
$$

……

$$M'_{(m-1)k} = \sum_{1}^{n_k} M_m$$

(2)子区域污染物出流量=(污染物入流量+产污量)×衰减系数

$$
\begin{aligned}
&M'_{1k} = W_{1k} f_{1k} \\
&M'_{2k} = (M_{2k} + W_{2k}) f_{2k} \\
&\cdots\cdots \\
&M'_{(m-1)k} = (M_{(m-1)k} + W_{(m-1)k}) f_{(m-1)k} \\
&M'_{mk} = (M_{mk} + W_{mk}) f_{mk}
\end{aligned} \tag{4-31}
$$

(3)子区域污染物残留量=污染物入流量+产污量−污染物出流量

$$
\begin{aligned}
&M''_{1k} = W_{1k} - M'_{1k} \\
&M''_{2k} = M_{2k} + W_{2k} - M'_{2k} \\
&\cdots\cdots \\
&M''_{(m-1)k} = M_{(m-1)k} + W_{(m-1)k} - M'_{(m-1)k} \\
&M''_{mk} = M_{mk} + W_{mk} - M'_{mk}
\end{aligned} \tag{4-32}
$$

(4)子区域污染物浓度变化=产污量/区域出水水量

$$
\begin{aligned}
&C_{1k} = W_{1k} / V'_{1k} \\
&C_{2k} = \frac{M'_{2k}}{V'_{2k}} = \frac{C_1 V_{2k} + W_{2k}}{V_{2k} + S_{2k} P_{2k}} \\
&\cdots\cdots \\
&C_{mk} = \frac{M'_{mk}}{V'_{mk}} = \frac{C_{(m-1)k} V_{mk} + W_{mk}}{V_{mk} + S_{mk} P_{mk}}
\end{aligned} \tag{4-33}
$$

式中，M 为子区域的污染物入流量；M' 为子区域的污染物出流量；M'' 为子区域的污染物残留量；m 为子区域级别；k 为子区域编号；n_k 为 k 号子区域的下游子区域的个数；W 为子区域的产污量；f 为衰减系数；C 为子区域的污染物浓度。

4.2 污染物负荷估算模型

4.2.1 污染源及主要污染物确定

根据研究区域污染物形成特点，将点源污染源确定为工业污染，非点源污染源主要为居民生活污水、畜禽养殖、农业化肥、水产养殖(海水养殖、淡水养殖)4 类。

根据渤海湾近年污染物含量统计，确定估算的污染物为总氮(TN)、总磷(TP)、化学需氧量(COD)、氨氮(NH_3-N)4 类。

4.2.2 污染负荷估算

4.2.2.1 点源污染

根据研究区域实际情况，点源污染主要考虑工业污染，主要有造纸及纸制品业、化工原料及化学制品制造业（有机化工、无机化工）、农副食品加工业、机械、纺织业、建材、电力行业等，其估算公式为：

$$P = \sum_{i=1}^{n} X_i K_i \tag{4-34}$$

式中，P 为某种污染物的年排放总量（kg）；X_i 为第 i 个企业的年平均产值（万元）；K_i 为第 i 个企业某种污染物的排放强度（kg/万元）；n 为工业企业总数。

各行业的各种污染物的排放强度如表4-2所示。

表4-2 各行业的污染物排放强度 单位：kg/万元

行业	TN	TP	COD	NH_3-N
造纸	2.094	0.190	25.000	0.209
无机化工	9.167	0.403	3.000	0.917
食品	0.169	0.011	8.000	0.017
机械	0.253	0.020	2.000	0.025
纺织	18.187	1.012	3.000	1.819
有机化工	12.679	1.145	3.000	1.268
建材	0.088	0.004	2.000	0.009
电力	3.050	0.059	2.000	0.305

4.2.2.2 非点源污染

非点源污染负荷估算主要采用输出系数法，估算公式为：

$$P = \sum_{i=1}^{n} Q_i K_i T \tag{4-35}$$

式中，P 为某种污染物的年排放总量；Q_i 为产生某种污染物的第 i 种污染源的数量；K_i 为第 i 种污染源的某种污染物排放系数；n 为污染源类别总数；T 为估算周期。

（1）居民生活污水。以村庄为单位，结合黄骅市及海兴县实际情况，采用居民生活污染物负荷计算：

$$P_i = QK_iT \tag{4-36}$$

式中，P_i 为第 i 种污染物的年排放总量（g）；Q 为人口数量；K_i 为农村居民生活污水中第 i 种污染物的排放系数（g/(人·d)）；T 为估算周期（d）。

根据《第一次全国污染源普查城镇生活源产排污系数手册》，研究区域所在的河北省属于地域分区中的一区，主要行政区域属于城市类别中的第五类，建筑物排污

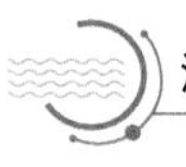

系统选择直排，据此，可查得相应城镇居民生活污水各污染物排放系数。农村居民生活污水排放量为城镇居民的40%～65%，农村居民生活污水各污染物排放系数取城镇的60%，具体的污染物排放系数如表4-3所示。估算周期取365 d。

表4-3　居民生活污水的污染物排放系数　　单位：g/(人·d)

地区	TN	TP	COD	NH_3-N
城镇	10	0.630	60	7.20
农村	6	0.378	36	4.32

(2)畜禽养殖。畜禽养殖污染物排放量，指在正常生产和管理条件下，禽畜产生的污染物未经处理直接排入环境中的量。畜禽养殖产生污染物的污染源主要包括猪、奶牛、肉牛、羊、蛋鸡及肉鸡。畜禽养殖污染物负荷公式为：

$$P_i = \sum Q_j K_{ij} T_j \tag{4-37}$$

式中，P_i为第i种污染物的年排放总量(g)；Q_j为第j种畜禽的数量；K_{ij}为第j种畜禽排泄物中第i种污染物的排放系数(g/(头·d))；T_j为第j种畜禽的养殖周期(d)。

根据《第一次全国污染源普查畜禽养殖业源产排污系数手册》，采用养殖专业户排放系数作为各类畜禽污染排放系数。根据饲养阶段分类，猪采用保育期和育成期系数的平均值，奶牛采用育成期和产奶期系数的平均值，肉牛采用育肥期系数，蛋鸡采用育雏期、育成期和产蛋期系数的平均值，肉鸡采用商品肉鸡期系数。根据粪便收集处理方式分类，采用干清粪和水冲清粪污染物排放系数的平均值。羊的污染物排放系数与猪近似。各种畜禽的污染物排放系数如表4-4所示，养殖周期如表4-5所示。

表4-4　各类畜禽养殖的污染物排放系数　　单位：g/(头·d)

种类	TN	TP	COD	NH_3-N
猪	5.103	0.991	106.520	2.70
奶牛	91.513	14.290	1883.490	3.50
肉牛	29.970	4.640	1283.775	6.60
羊	5.103	0.991	106.520	2.70
蛋鸡	0.378	0.080	9.283	0.08
肉鸡	0.310	0.105	8.600	0.02

表4-5　各类畜禽养殖周期　　单位：d

畜禽种类	猪	奶牛	肉牛	羊	蛋鸡	肉鸡
养殖周期	158	365	365	158	365	59

(3)农业化肥。农业化肥产生的污染物负荷的计算采用流失率法。化肥氮、磷产生量，按照化肥氮、磷施用量计算。化肥氮、磷施用量，即为实物化肥折纯后的量；氮肥折纯量按N折算，磷肥折纯量按P_2O_5折算，复合肥折纯量按其所含的主要成分

N、P_2O_5、K_2O 折算；复合肥养分含量按 N、P_2O_5、K_2O 均为15%计算。

根据研究区域的相关历史统计数据，将各种化肥的施用量，按照氮肥(0.46)：磷肥(0.25)：复合肥(0.29)的比例进行计算。其中：化肥氮产生量＝氮肥施用量＋复合肥施用量×0.33；化肥磷产生量＝(磷肥施用量＋复合肥施用量×0.33)×43.66%；化肥氮(磷)排放量＝化肥氮(磷)产生量×氮(磷)素流失率；氨氮排放量＝化肥氮排放量×10%。氮素流失率取4.0%；磷素流失率取2.7%。

(4)淡水养殖。淡水养殖排放量，指在正常养殖生产条件下，养殖过程所产生的污染物直接排放到湖泊、河流及海洋等外部水体环境中的量。淡水养殖负荷估算公式为：

$$P_i = \sum Q_j K_{ij} \tag{4-38}$$

式中，P_i 为第 i 种污染物的年排放总量(g)；Q_j 为第 j 种水产品的年养殖增产量(kg)；K_{ij} 为第 j 种水产品排泄物中第 i 种污染物的排放系数(g/kg)。

研究区域所在河北省北部区，池塘养殖业为主要养殖方式，成鱼养殖业为主要养殖类别。由于水产品的年养殖增产量数据较少，将淡水养殖水产品分为鱼类和虾蟹类，最终淡水养殖污染物排放系数采用各种鱼类污染物排放系数的均值及虾类污染物排放系数的均值。NH_3-N的污染物排放系数按TN的10%计算。各类淡水养殖及水产品的污染物排放系数如表4-6和表4-7所示。

表4-6　淡水养殖水产品的污染物排放系数　　单位：g/kg

水产品	TN	TP	COD
草鱼	0.372	0.102	6.196
鲢鱼	1.139	0.195	9.660
鳙鱼	2.694	0.304	14.825
鲤鱼	16.052	3.145	100.488
鲫鱼	3.004	0.802	13.148
鳊鱼	0.431	0.033	1.672
鲶鱼	6.782	0.496	59.982
罗非鱼	2.778	0.368	39.300
鲈鱼	1.642	0.323	19.184
团头鲂白鲳	1.642	0.323	19.184
南美对虾	0.658	0.053	17.404
河蟹	0.229	0.040	4.843

表4-7　各类淡水养殖的污染物排放系数　　单位：g/kg

种类	TN	TP	COD	NH_3-N
鱼类	3.6536	0.6091	28.3639	0.3654
虾蟹类	0.4435	0.0465	11.1235	0.0444

(5)海水养殖。海水养殖污染负荷估算方法与淡水养殖相同，但养殖的水产品种类不同。海水养殖的水产品主要包括鱼类、虾蟹类及其他类。最终海水养殖污染物排放系数采用各种鱼类污染物排放系数的均值、虾类污染物排放系数的均值及其他类污染物排放系数。各类海水养殖及水产品的污染物排放系数如表 4-8 和表 4-9 所示。

表 4-8　海水养殖水产品的污染物排放系数　　单位:g/kg

水产品	TN	TP	COD
梭鱼	2.325	0.417	44.720
牙鲆	0.359	0.030	2.227
大菱鲆	0.359	0.030	2.227
半滑舌鳎	2.325	0.417	44.720
鲈鱼	17.330	0.963	17.407
皮皮虾	2.325	0.417	44.720
中国对虾	0.357	0.130	16.979
日本车虾	0.802	0.293	38.212
南美白虾	0.436	0.159	20.747
梭子蟹	2.356	1.022	37.723
斑节虾	0.633	0.231	30.143
其他	2.325	0.417	44.720

表 4-9　各类海水养殖的污染物排放系数　　单位:g/kg

种类	TN	TP	COD	NH_3-N
鱼类	4.5396	0.3714	22.2602	0.4540
虾蟹类	1.1515	0.3753	31.4207	0.1152
其他类	2.3250	0.4170	44.7200	0.2325

4.3　海岸带生态环境评价模型

4.3.1　指标体系建立

基于 PSR 模型建立指标体系时，需要遵循“压力一状态一响应”这一关系指标。所以，海岸带生态环境评价指标体系主要由压力、状态及响应指标构成，如图 4-5 所示。压力指标主要反映各种因素对生态环境造成的消极影响，如人类的社会经济活动造成的人口压力、资源消耗及环境污染等。状态指标主要考虑资源现状、环境现状及生态现状等。响应指标主要考虑压力调整、状态修复以及经济响应等方面。

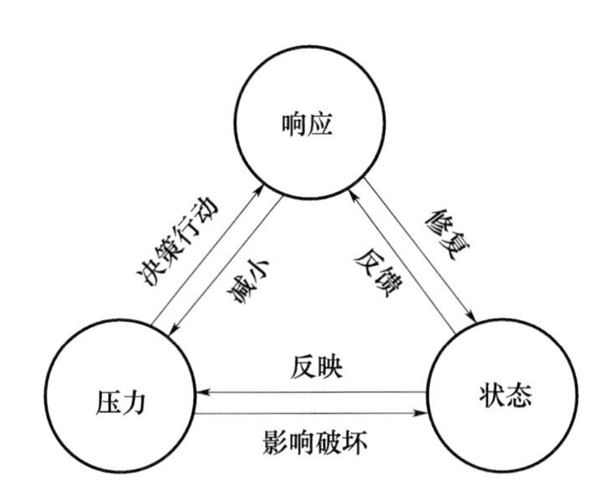

图 4-5　海岸带生态环境评价指标体系示意图

4.3.2　指标选取

在选取具体的海岸带生态环境评价指标时，既需要准确反映海岸带的相关内容，又需要各指标之间保持独立性，所以需要遵循一定原则。

（1）科学性原则：选定指标须有明确的含义、标准化的测量方法、科学的统计方法及明确的层次，能保证评价结果的科学性。

（2）系统性原则：选定指标须能系统反映生态－经济－社会复合系统的整体状态和相互作用，且结构合理，能保证反映整个动态过程。

（3）代表性原则：选定指标须是具有代表性的、最能反映与生态环境相关各方面本质特征的指标。

（4）综合性原则：选定指标须是体现评估生态环境状况各方面本质特征的综合性指标。

（5）可操作性原则：选定指标数据的获得应具有较简便的操作性。

4.3.3　数据处理

在收集选定指标的数据后，须对其进行标准化处理。所选取的指标 x_{ij} 分为正向和负向指标。正向指标为与区域生态环境质量呈正相关的指标，负向指标为与区域生态环境质量呈负相关的指标。本文采用差值法处理数据。

正向指标标准化：

$$x'_{ij}=\frac{x_{ij}}{\max(x_{ij})+\min(x_{ij})} \tag{4-39}$$

负向指标标准化：

$$x'_{ij}=1-\frac{x_{ij}}{\max(x_{ij})+\min(x_{ij})} \tag{4-40}$$

式中，x'_{ij} 为第 i 个子区域第 j 项指标标准化后的值；x_{ij} 为第 i 个子区域第 j 项指标的实际值；$\max(x_{ij})$ 为第 i 个子区域第 j 项指标实际值中的最大值；$\min(x_{ij})$ 为第 i 个

子区域第 j 项指标实际值中的最小值。

4.3.4 权重确定

在 PSR 模型中，采用层次分析法(AHP)确定各评价指标的权重 . AHP 是由美国运筹学家 Saaty 在 20 世纪 70 年代初期提出的。AHP 把复杂系统分解成多个目标或准则，进而分解为多个元素，又根据这些元素的相互关联、影响以及隶属关系构建为递阶层次结构，再在同一层次各元素之间比较出相对重要性，构造判断矩阵，通过求解判断矩阵特征向量，计算确定每一层次上各元素相对于上一层次某元素的权重，最终确定各指标权重。

4.3.5 综合评价指数

在确定各单项因素对系统总层次的总排序权重后，可采用线性加权法求得各子区域海岸带生态环境综合评价指数：

$$S = \sum_{i=1}^{n} x_{ij} w_j \tag{4-41}$$

式中，S 为海岸带生态环境综合评价指数；x_{ij} 为第 i 年第 j 项指标标准化后的值；w_j 为第 j 项指标相对于目标层的权重；n 为评价指数的个数。

表 4-10 为 S 值的评判等级，将 S 值评判标准值进行比较，能够确定海岸带生态环境综合评价结果。

表 4-10　S 值评判等级

等级	S 值	状态	意义
Ⅰ	＜0.25	危险	海岸带生态系统功能几乎崩溃，生态环境遭到严重破坏，生态灾害经常发生
Ⅱ	0.25～0.50	较危险	海岸带生态系统功能退化，生态环境受到较大破坏，生态问题突出，灾害较多
Ⅲ	0.50～0.75	预警	海岸带生态环境受到一定破坏，但尚可维持基本功能，受干扰后易恶化，问题显著
Ⅳ	0.75～0.90	较安全	海岸带生态系统功能较为完善，受到干扰后一般可以恢复，灾害也不时常发生
Ⅴ	≥0.90	安全	海岸带系统功能基本完善，基本未受到破坏，系统恢复再生力强，问题少

Chapter5

第5章

渤海新区海岸带生态环境承载能力研究

5.1 海岸带研究区域

5.1.1 研究区域范围

研究区域为沧州市海兴县、黄骅市及其以北 10 km 范围内的区域。区域内主要河流有子牙河、北排河、南排河及漳卫新河等，主要水库有沙井子水库、南大港水库、杨埕水库等。渤海新区海岸带研究区域位置见图 5-1。

图 5-1 研究区域位置示意图

5.1.2 资源条件

渤海新区土地资源除拥有滩涂和大面积、临港口的浅海外，还拥有 5.86 万 hm^2 建设用地和 7.20 万 hm^2 未利用地。工业用地按现状条件和产业园区建设规划布局。

由于渤海湾为陆上黄骅市含油凹陷的自然延伸地带，其生油凹陷面积大，第三系沉积厚，含油前景很大，为中国油气资源较丰富的海域之一。

渤海新区海岸带滩涂广阔，潮间带宽达 3.0～7.3 km，淤泥滩蓄水条件好，利于盐业开发。长芦盐场是中国最大的盐场，盐产量约占全国的 1/3。

渤海湾是我国黄、渤海地区大型洄游经济鱼虾类和各种地方性经济鱼虾蟹类产卵、繁育、索饵、育肥、生长的良好场所，有海洋生物 600 种以上，其中，经济价值较高的种类超过 30 种；适宜筏式养殖的浅海面积 22 万 hm^2 以上，适宜底播养殖的浅海和潮间带面积 5 万 hm^2，适宜养殖池塘的潮间带面积 6 万 hm^2。

渤海新区地处亚洲候鸟迁徙必经路线，生物种类繁多，以盐地动物为主。区内湿地芦苇、禾本科及莎草科植物在植被中占主要地位，哺乳动物的种类和数量较少，浮游动物、底栖动物、鱼类和鸟类等相当丰富。

5.1.3 渤海新区海岸带水环境现状

5.1.3.1 海域污染

根据 2013—2017 年《中国海洋环境质量公报》，渤海湾主要污染物为无机氮、化学需氧量、石油类及活性磷酸盐，渤海海域未达到第Ⅰ类海水水质标准的各类水质海域面积见表 5-1，渤海海域富营养化面积见表 5-2。2017 年，渤海湾生态系统为亚健康，生态系统基本维持其自然属性。

表 5-1 渤海海域各类水质海域面积 单位：km^2

年份	季节	第Ⅱ类水质	第Ⅲ类水质	第Ⅳ类水质	劣于第Ⅳ类水质	合计
2017	夏季	8940	3970	2120	3710	18740
	秋季	15710	8300	4780	3690	32480
2016	夏季	11660	6670	2340	3050	23720
	秋季	9950	5690	3130	5000	23770
2015	夏季	12010	8090	4750	4060	28910
	秋季	24810	5490	3910	7330	41540
2014	夏季	8180	6600	3770	5750	24300
	秋季	38720	6190	3620	6000	54530

续表

年份	季节	第Ⅱ类水质	第Ⅲ类水质	第Ⅳ类水质	劣于第Ⅳ类水质	合计
2013	夏季	9302	12403	2713	8527	32945
	秋季	—	—	—	—	—

表 5-2 渤海海域富营养化面积 单位:km^2

年份	季节	轻度富营养化	中度富营养化	重度富营养化	合计
2017	夏季	4450	1490	710	6650
	秋季	8330	3030	900	12260
2016	春季	4430	870	210	5510
	夏季	4340	1970	810	7120
2015	夏季	7720	2310	510	10540
	秋季	13130	6180	1320	20630
2014	夏季	7460	2920	600	10980
	秋季	9050	4960	520	14530

2007—2017 年,渤海海域未达到第Ⅰ类海水水质标准的各类水质面积见图 5-2;2008—2010 年,主要污染物浓度变化见图 5-3。

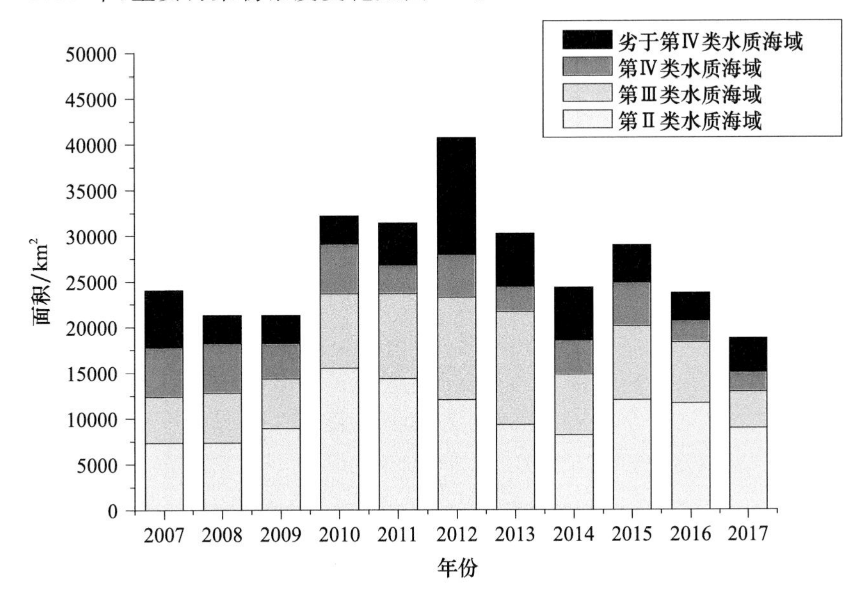

图 5-2 渤海海域夏季海水水质标准分布

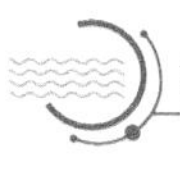

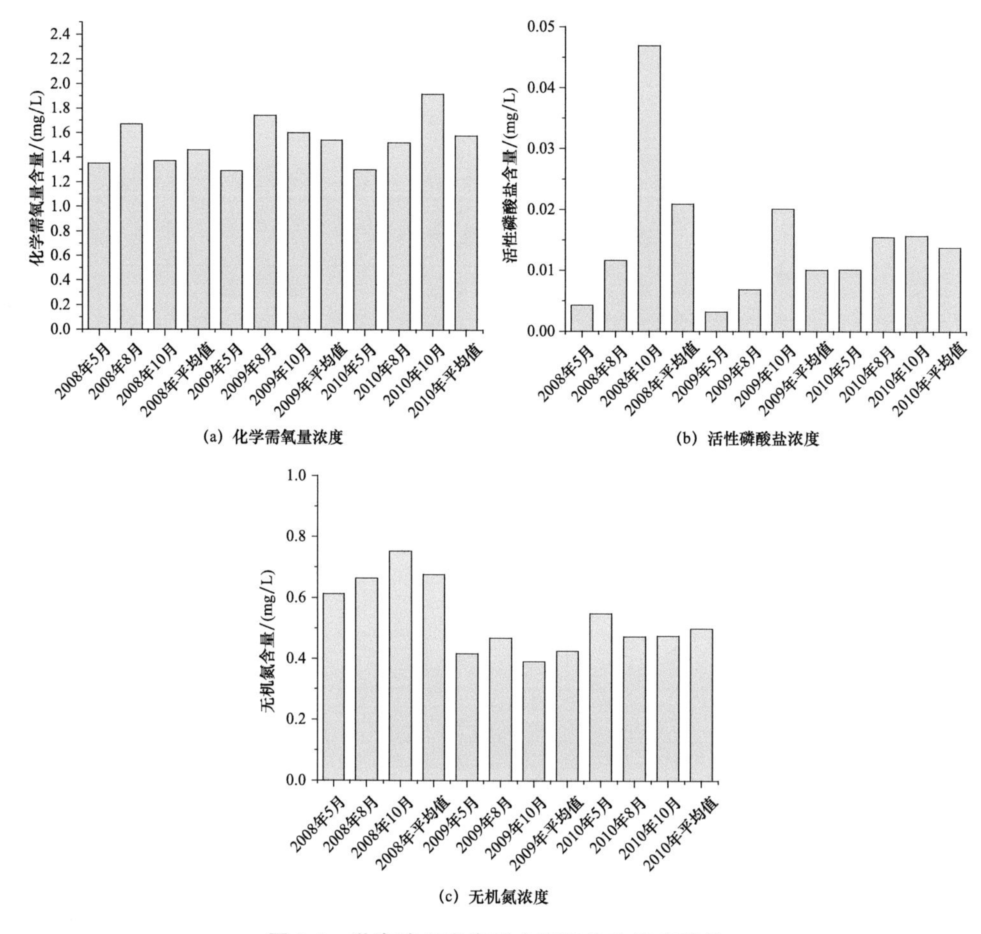

图 5-3　渤海湾近岸海域主要污染物浓度变化

5.1.3.2　主要入海河流污染现状

渤海湾海域2013年始海河流域重度污染，第Ⅰ～Ⅲ类、第Ⅳ～Ⅴ类和劣Ⅴ类水质断面比例分别为39.1%、21.8%和39.1%。海河主要支流为重度污染，第Ⅰ～Ⅲ类、第Ⅳ～Ⅴ类和劣Ⅴ类水质断面比例分别为40.0%、18.0%和42.0%，主要污染指标为化学需氧量、5 d生化需氧量和氨氮。徒骇河、马颊河水系为重度污染，第Ⅳ～Ⅴ类和劣Ⅴ类水质断面各占50.0%，主要污染指标为化学需氧量、5 d生化需氧量和石油类。

5.1.3.3　沿海滩涂现状

渤海新区内有130 km的海岸线，超过2.67万hm^2沿海滩涂，待开发利用的沿海地区空闲荒地及荒碱地超过11.33万hm^2；多年平均降水量574.2 mm，多年平均水资源总量1.27亿m^3，其中，地表水资源量1.23亿m^3，地下水资源量0.0469亿m^3，重复水资源量0.0060亿m^3。

渤海新区沿岸为淤泥质平原海岸，泥深过膝，离岸宽度1.5～10.0 km；潮间带宽3.0～7.5 km，淤泥滩蓄水条件好，利于盐业开发。长芦盐场是中国最大盐场，盐产量占全国的1/3。河口附近浮游生物和底栖生物较多，为鱼虾洄游、索饵、产卵提供了良好的场所，可出产多种鱼、虾、蟹、贝等水产品。

2014年，渤海生态环境监测的污染物COD分布见图5-4，NH_3-N分布见图5-5，无机氮(N)分布见图5-6，活性磷(P)分布见图5-7。

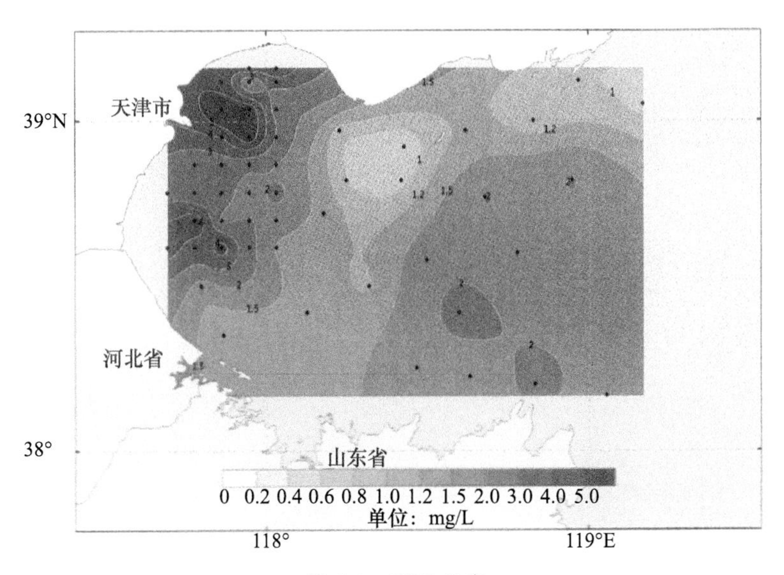

图5-4 COD分布

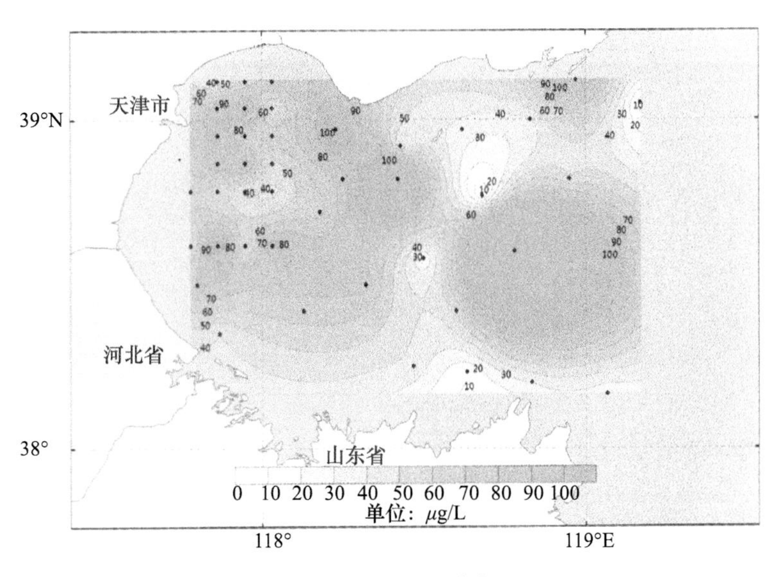

图5-5 NH_3-N分布

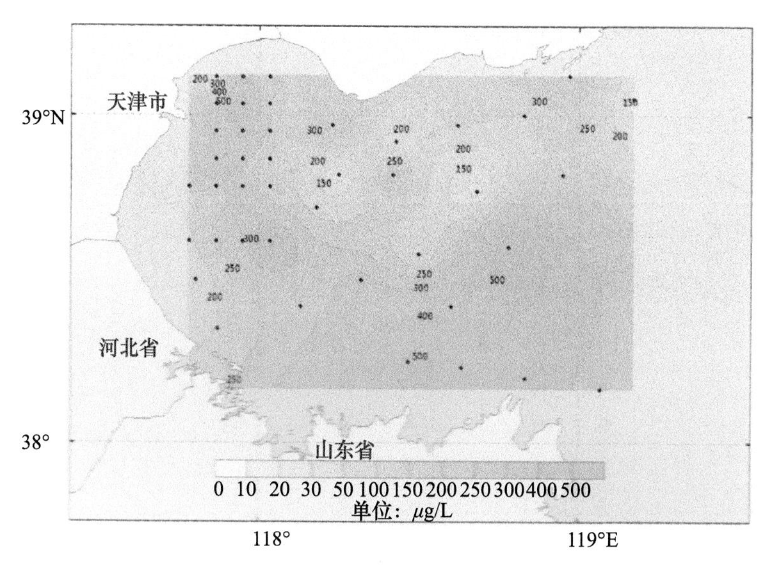

图 5-6　N 分布

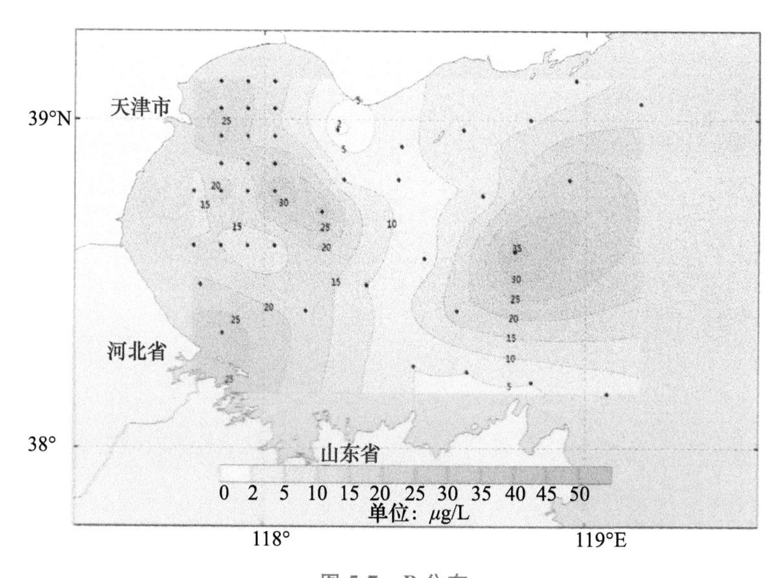

图 5-7　P 分布

从 2014 年污染物分布来看，渤海湾内水体基本达到第Ⅱ类水质标准，但沿岸河口资料不完整，河口排污将是影响渤海湾沿岸水质的重要指标，是生态环境评价的主要评价因素之一。渤海新区是河北省生态屏障建设和生态环境治理的重点区域之一，在合理规划生态功能区和沿海产业布局中，海岸带生态环境和资源的评价是规划和管理工作的重要环节。

5.2 研究区域主要资料

5.2.1 地形数据获取

在地理空间数据云中下载 GDEMV2,空间间距 30 m 分辨率的数字高程数据,经 ArcGIS 处理,得到研究范围的地形数据,如图 5-8 所示。

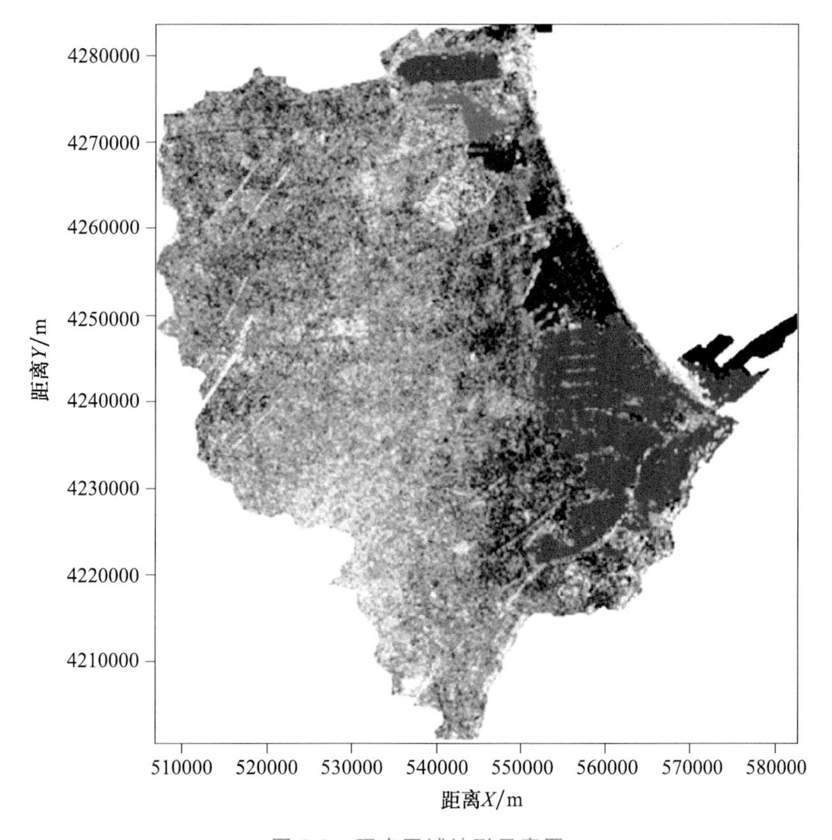

图 5-8 研究区域地形示意图

利用划分网格后获得的研究区域网格数据,经 Surfur 处理,生成研究区域的地形等值线图,如图 5-9 所示。模型范围内地形总体呈西高东低,地形变化平缓。

5.2.2 河网概化

为满足划分网格的需要,对研究区域河网进行概化,概化原则为:将距离不超过 300 m 的相邻河流概化为一条河流,将长度小于 300 m 的河流删去,将断头河适当延长与边界或其他河流相交。概化后,如图 5-10 所示。

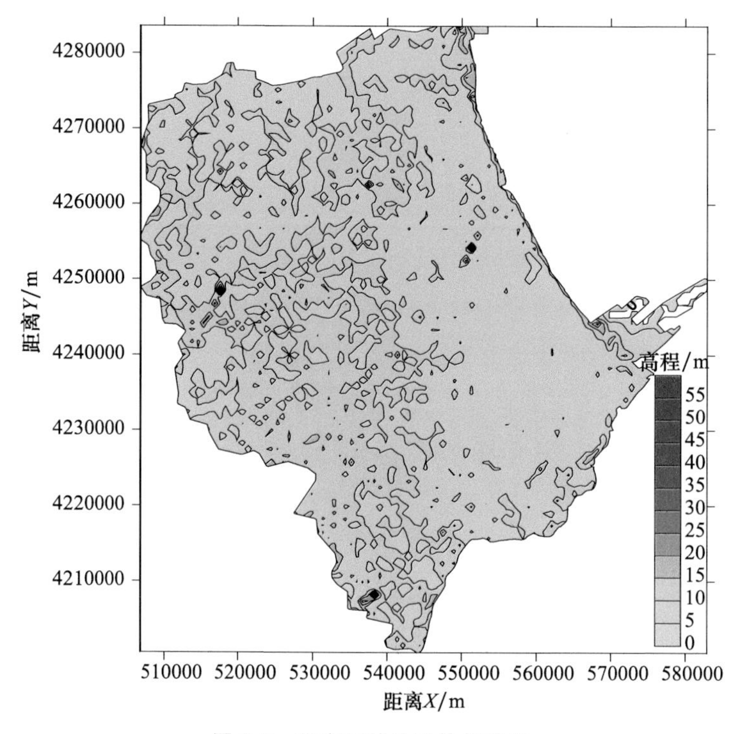

图 5-9 研究区域地形等值线图

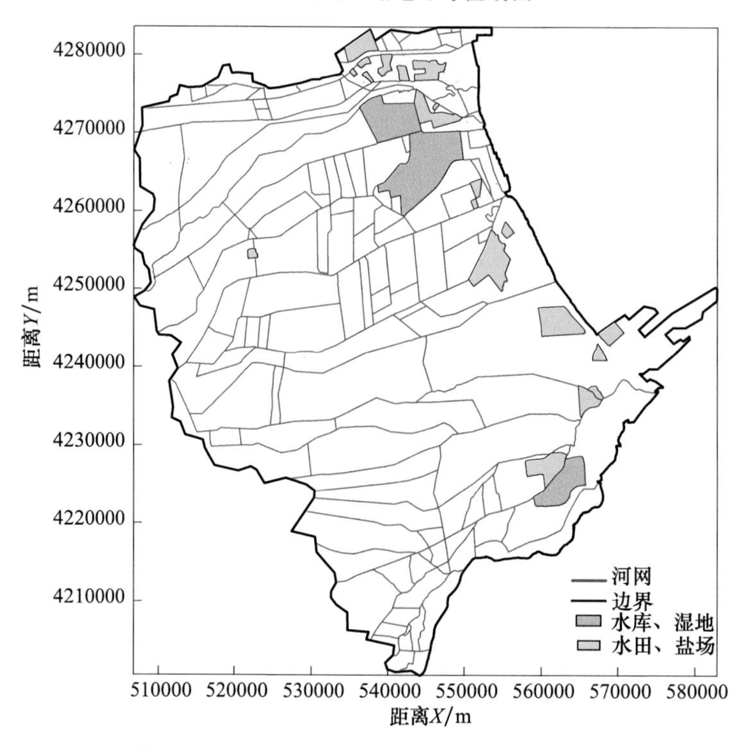

图 5-10 研究区域边界轮廓及河网分布示意图

5.2.3 村庄位置

根据 1∶50000 地形图，经处理后得到研究区域内各村庄的位置，如图 5-11 所示。由地形图确定各村庄面积，同时对村庄进行编号，与实际村庄相对应，便于后续处理。各村庄的人口、畜禽养殖数量根据各村庄面积所占权重进行分配。

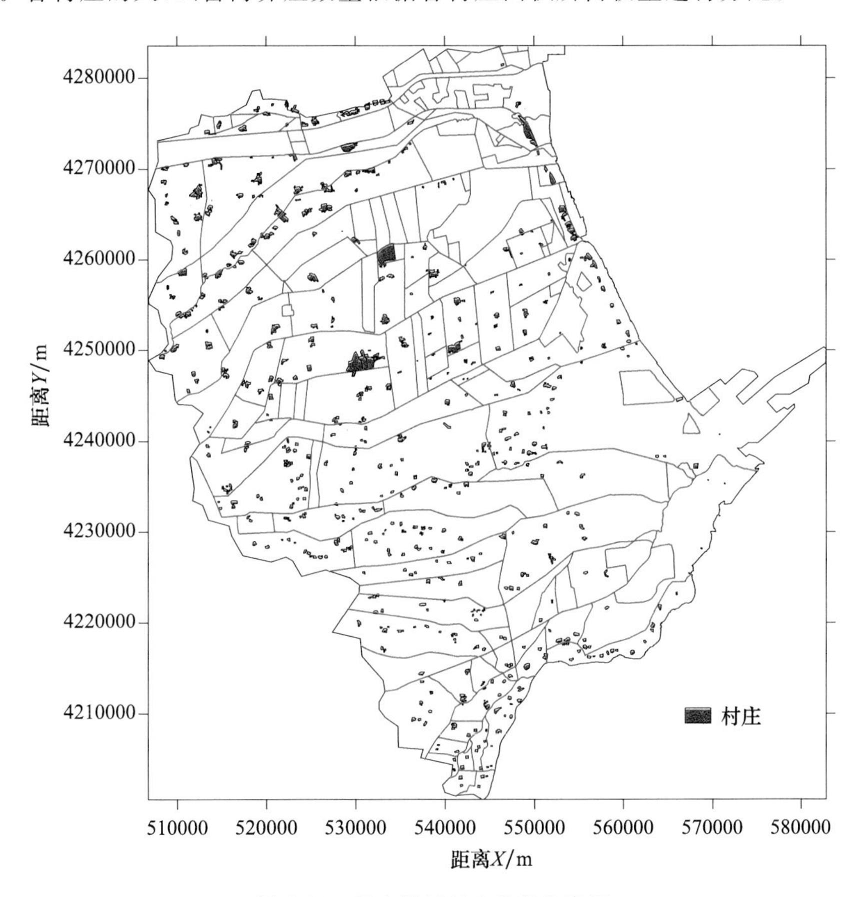

图 5-11 研究区域村庄位置示意图

5.2.4 土地利用类型

在 Bigemap 中下载研究区域土地利用类型图，经 ArcGIS 数据化处理后得到研究区域不同土地利用类型数据，土地利用类型分布见图 5-12。研究区域内主要为耕地，有部分人造地表、水体、湿地，及少数草地、林地，植被较为稀疏。不同土地利用类型的糙率根据《洪水风险图编制导则》确定，见表 5-3。

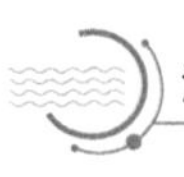

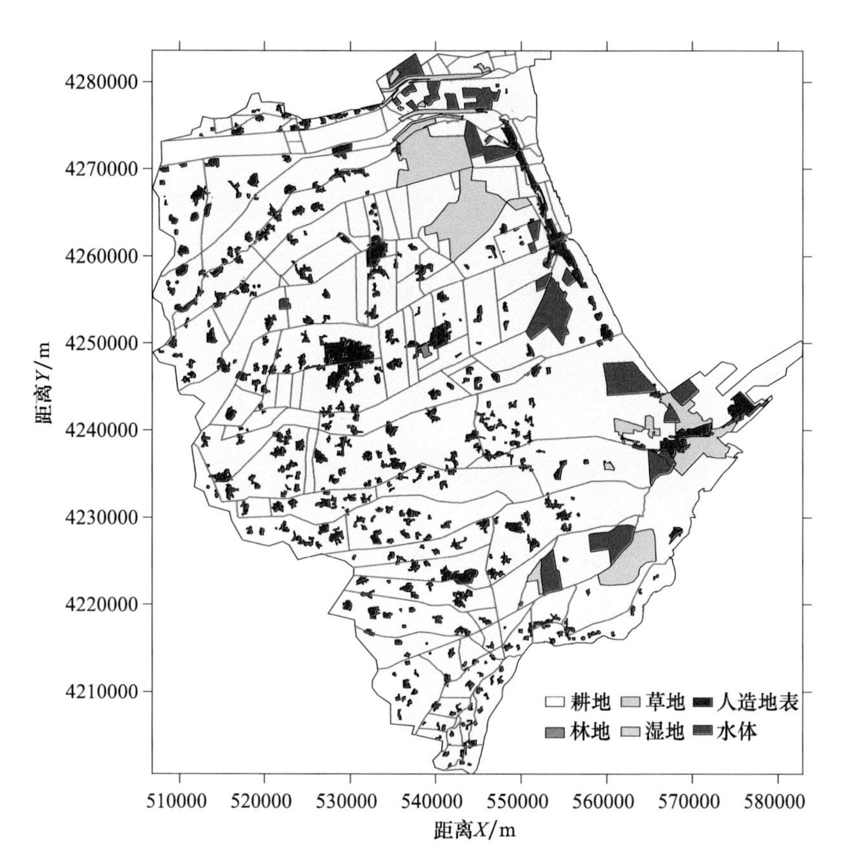

图 5-12 研究区域土地利用类型分布

表 5-3 不同土地利用类型糙率

土地利用类型	耕地	草地	人造地表	林地	湿地
糙率	0.060	0.061	0.070	0.065	0.050

5.2.5 水文地质类型

数字化处理后得到研究区域水文地质数据，分布情况见图 5-13。研究区域的含水岩组类型主要为松散岩类孔隙含水岩组，其富水程度主要包括富水程度强的、富水程度中等的、富水程度弱的、富水程度极弱的 4 个级别，以富水程度中等的、富水程度弱的松散岩类孔隙含水岩组为主。富水程度越强，其透水性越强，渗透系数越大。不同富水程度岩组的渗透系数根据《水文地质手册》确定，如表 5-4。

表 5-4 不同富水程度岩组渗透系数 单位：cm/s

富水程度	强	中等	弱	极弱
渗透系数	6×10^{-2}	4×10^{-4}	3×10^{-5}	2×10^{-5}

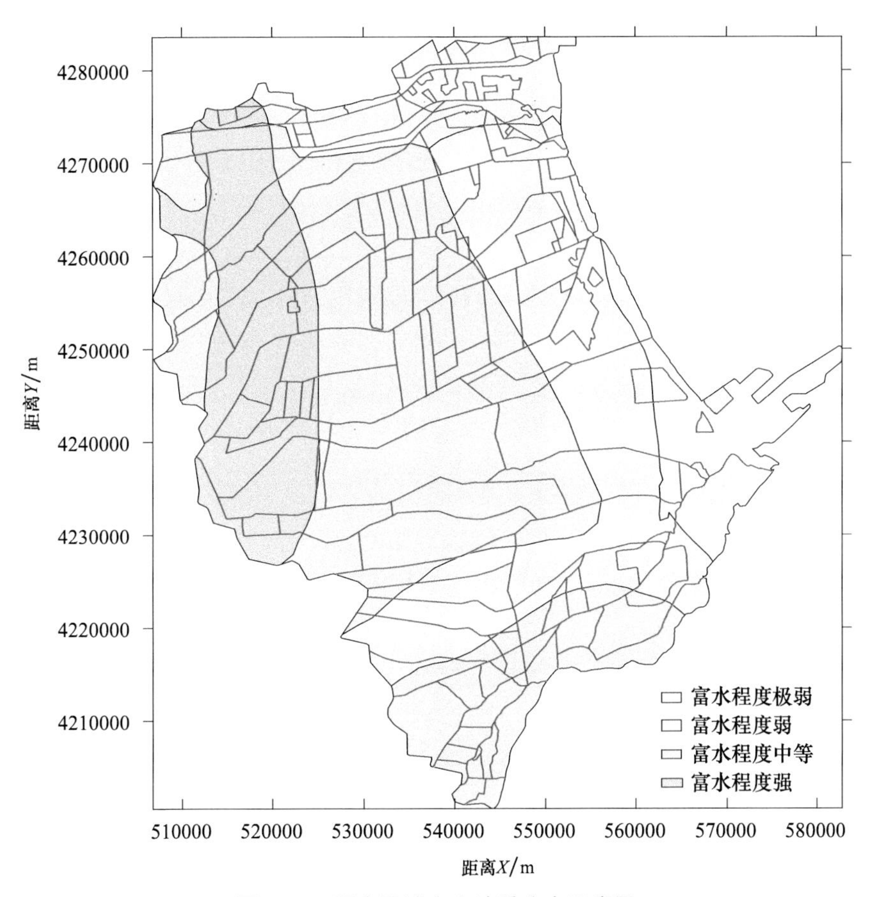

图 5-13 研究区域水文地质分布示意图

5.2.6 工业企业

研究区域内的工业企业主要集中在中捷产业园、南大港管理区，大部分分布在黄骅市，海兴县较少。

5.2.7 雨量数据处理

根据研究区域雨量计算入流，采用面雨量网格、河段入流的方式；根据可获得的河北省沧州站、黄骅站、海兴站、盐山站 4 个雨量站 2015 年全年的降雨过程进行相关计算，雨量站信息见表 5-5。

表 5-5 雨量站信息 单位：m

站号	站名
54616	沧州站
54624	黄骅站

续表

站号	站名
54628	海兴站
54627	盐山站

5.2.8 网格划分

通过软件处理，按 300 m 尺度划分任意网格，如图 5-14 所示。划分网格后生成结点 28900 个，单元 33345 个，通道 62244 条。

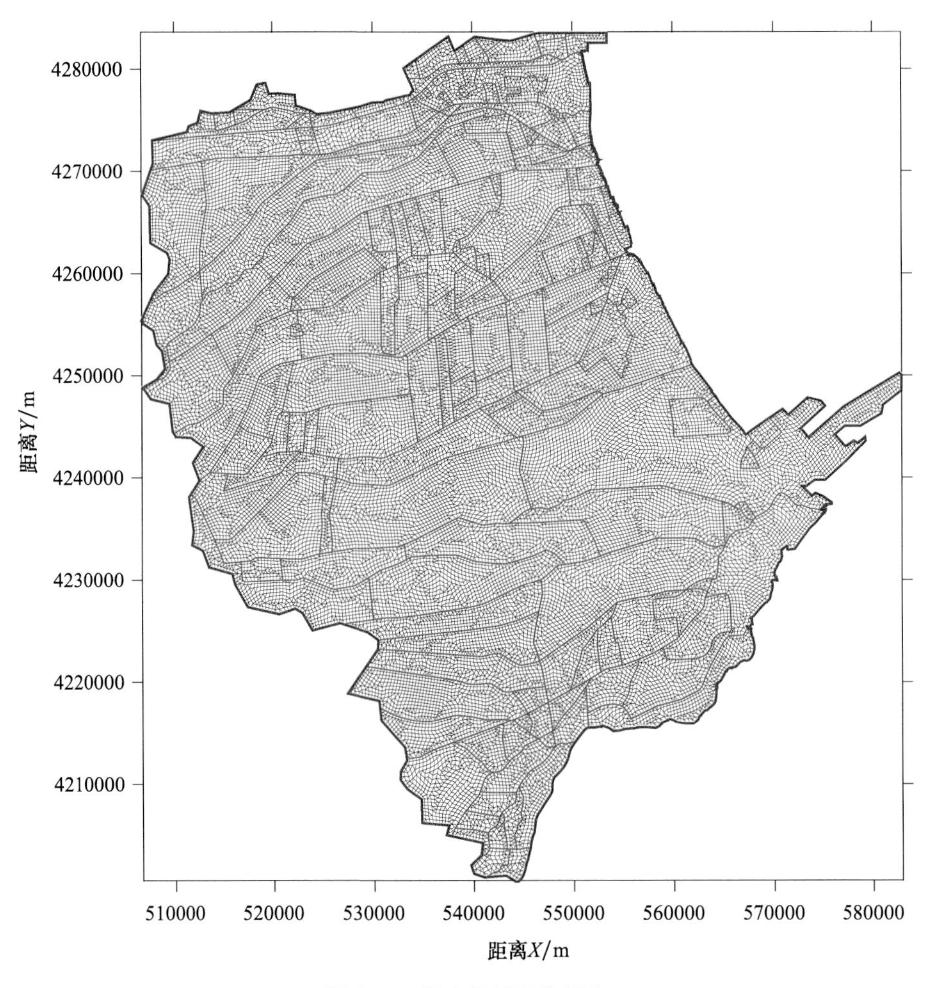

图 5-14　研究区域网格划分

5.2.9 子区域划分

由于非点源污染具有动态性和空间差异性，为明确非点源污染的空间量化关系及随河网产、汇流过程的迁移变化，从而得到非点源污染在空间尺度上的分布规律以及在时间尺度上的迁移规律，本文在研究区域划分网格的基础上进行子区域的划分。通过划分子区域，确定在各单元网格处产生的径流进入平原河网的汇流方向及污染物进入平原河网的分配方式。在进行研究区域降雨径流模拟以及污染物迁移模拟时，在同一子区域内的网格单元处所产生的径流及污染物全部汇入相应子区域内的唯一河道。子区域之间的汇流关系与河道间的汇流关系一致，对河道进行分级拟序处理。

在研究区域平原河网及单元网格的基础上，可实现对研究区域子区域的划分，最终形成子区域 397 个，见图 5-15；河道的流动方向，见图 5-16。

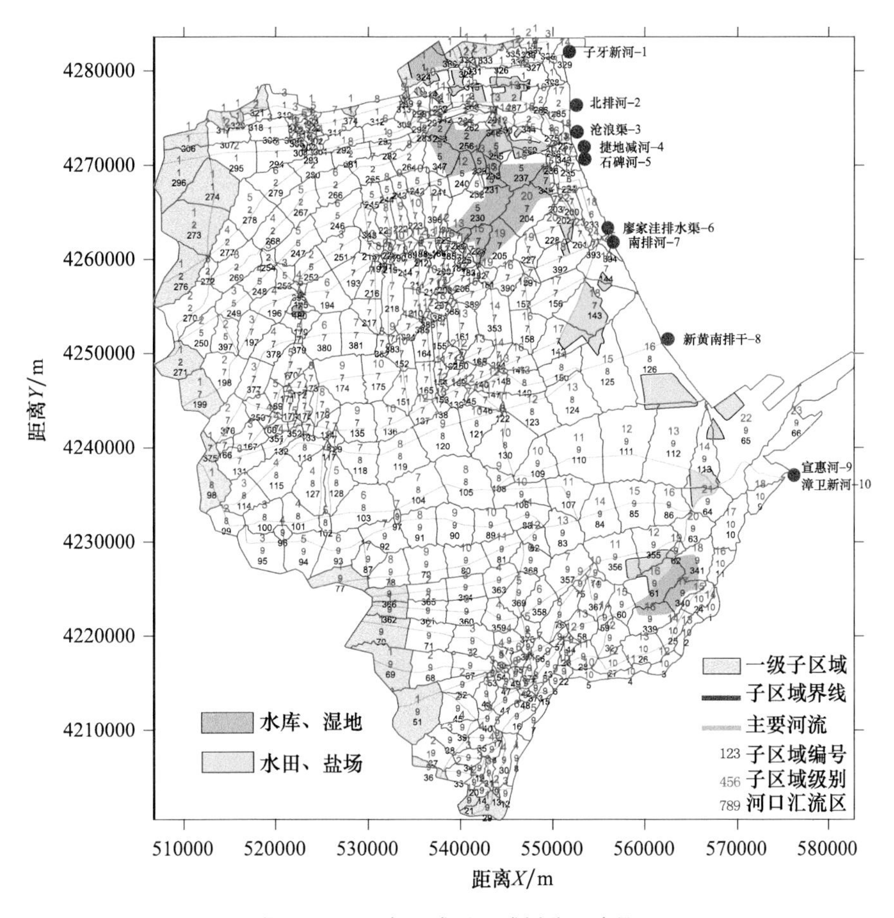

图 5-15 研究区域子区域划分示意图

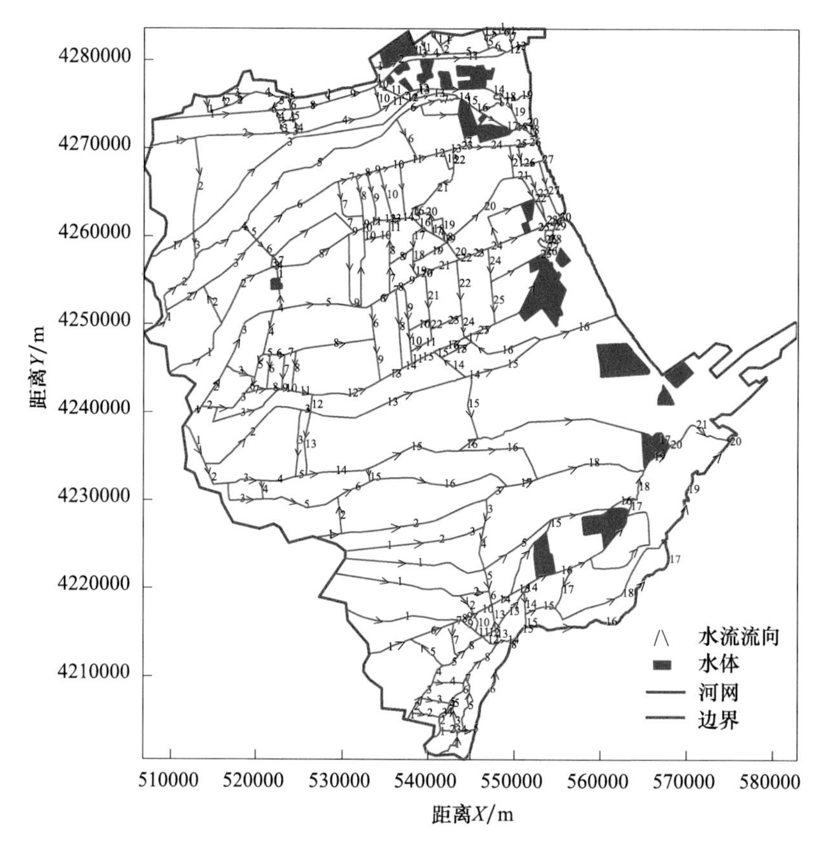

图 5-16　研究区域河道分级及河流流向示意图

5.2.10　污染物

利用沧州市、黄骅市资料，对计算污染物所需各项数据进行统计。农村与污染有关因素包括人口、牲畜、种植（养殖）面积、化肥与农药使用量等。

5.2.11　生态评价指标确定

根据 PSR 模型评价指标选择原则，结合研究区域的实际情况，PSR 模型评价指标体系见表 5-6。

表 5-6　PSR 模型评价指标体系

目标层	项目层	因素层	指标层	指标属性
生态状况评价/生态健康评价	压力指标（A_1）	人口压力（B_1）	人口自然增长率（C_1）	负向
			人口密度（C_2）	负向
		经济压力（B_2）	海洋产业产值增长率（C_3）	负向
			海洋产业产值占 GDP 比重（C_4）	负向

续表

目标层	项目层	因素层	指标层		指标属性
生态状况评价/生态健康评价	压力指标(A_1)	经济压力(B_2)	人均 GDP(C_5)		负向
			GDP 增长率(C_6)		负向
			单位海岸线港口吞吐量(C_7)		负向
		环境压力(B_3)	陆域活动(C_8)	工业废水排放量(D_1)	负向
				工业固体废物产生量(D_2)	负向
				农业废水排放量(D_3)	负向
				生活污水排放量(D_4)	负向
				COD 排放总量(D_5)	负向
				NH_3-N 排放总量(D_6)	负向
				旅游人数(D_7)	负向
			滩涂利用(C_9)	围垦面积(D_8)	负向
				滩涂养殖面积(D_9)	负向
			海域活动(C_{10})	海水养殖面积(D_{10})	负向
				海洋捕捞量(D_{11})	负向
				船舶排污量、溢油(D_{12})	负向
			生物入侵(C_{11})	生物入侵面积(D_{13})	负向
				生物入侵种类(D_{14})	负向
	状态指标(A_2)	资源状态(B_4)	森林覆盖面积/植被覆盖面积(C_{12})		正向
			滩涂面积(C_{13})		正向
		环境状态(B_5)	空气污染指数年均值 API(C_{14})		正向
			城区酸雨度(C_{15})		负向
			主要河流水质>第Ⅲ类比例(C_{16})		正向
			近岸海域水质平均达标率(C_{17})		正向
			海域综合水质指数(C_{18})		正向
			海水功能区达标率(C_{19})		正向
		生态状态(B_6)	大型底栖生物量(C_{20})		正向
			底栖生物多样性指数(C_{21})		正向
			游泳动物(鱼类生物量)(C_{22})		正向
	响应指标(A_3)	环境响应(B_7)	工业废水达标排放率(C_{23})		正向
			工业废固综合利用率(C_{24})		正向
			污水处理率(C_{25})		正向
			湿地生态园面积/自然保护区面积(C_{26})		正向
			空气质量优良率(C_{27})		正向

续表

目标层	项目层	因素层	指标层	指标属性
生态状况评价/生态健康评价	响应指标（A_3）	经济响应（B_8）	污染治理总额占地区财政收入比例（C_{28}）	正向
			第三产业产值占地区生产收入比例（C_{29}）	正向
		社会响应（B_9）	大学生在校人数（C_{30}）	正向
			恩格尔系数（C_{31}）	正向
			水利、环境事业人均劳动报酬与平均工资比例（C_{32}）	正向

5.3 海岸带环境污染模拟

5.3.1 降雨径流模型模拟

5.3.1.1 雨量

选取区域内沧州站、黄骅站和海兴站 3 个雨量站 2015 年全年逐日雨量监测数据，按各站控制面积，反映不同区域的雨量。雨量资料见表 5-7。

表 5-7 各雨量站雨量资料 单位：mm

雨量资料	沧州站	黄骅站	海兴站
1 月雨量	4.2	6.8	5.5
2 月雨量	13.6	10.7	12.2
3 月雨量	21.8	8.8	15.3
4 月雨量	45.2	46.1	50.5
5 月雨量	41.4	47.7	60.0
6 月雨量	41.3	49.3	55.3
7 月雨量	46.3	115.4	121.7
8 月雨量	254.5	177.6	263.3
9 月雨量	50.5	43.8	36.8
10 月雨量	17.5	17.4	15.2
11 月雨量	64.6	56.6	60.6
12 月雨量	0.2	0.2	0.2
全年雨量	601.1	580.4	696.6
月最大雨量	254.5	177.6	263.3
日最大雨量	200.7	60.2	156.8

5.3.1.2 降雨重现期

利用 1986—2015 年长系列雨量资料,按照频率分析法,得到不同频率的设计雨量。雨量标准选取 5 a、2 a 一遇,分别反映常遇多水年,稀遇丰水年情况,系列雨量情况见图 5-17。通过频率分析得到频率曲线,见图 5-18;暴雨累计频率曲线主要参数及典型频率设计值见表 5-8。

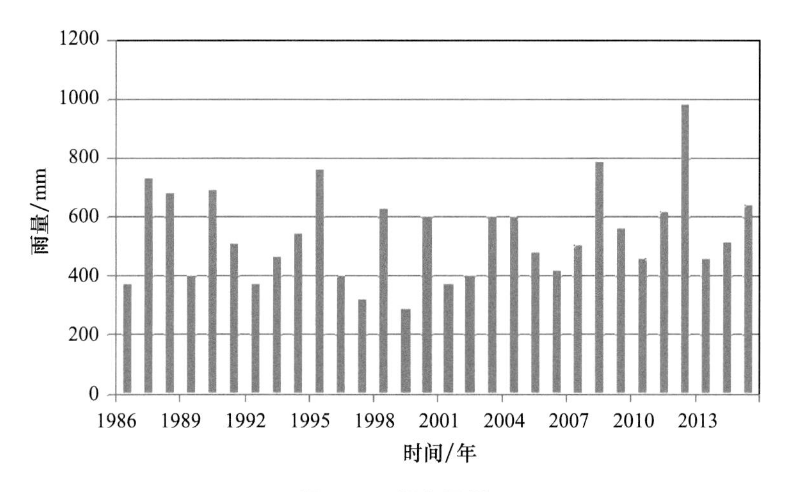

图 5-17 逐年雨量

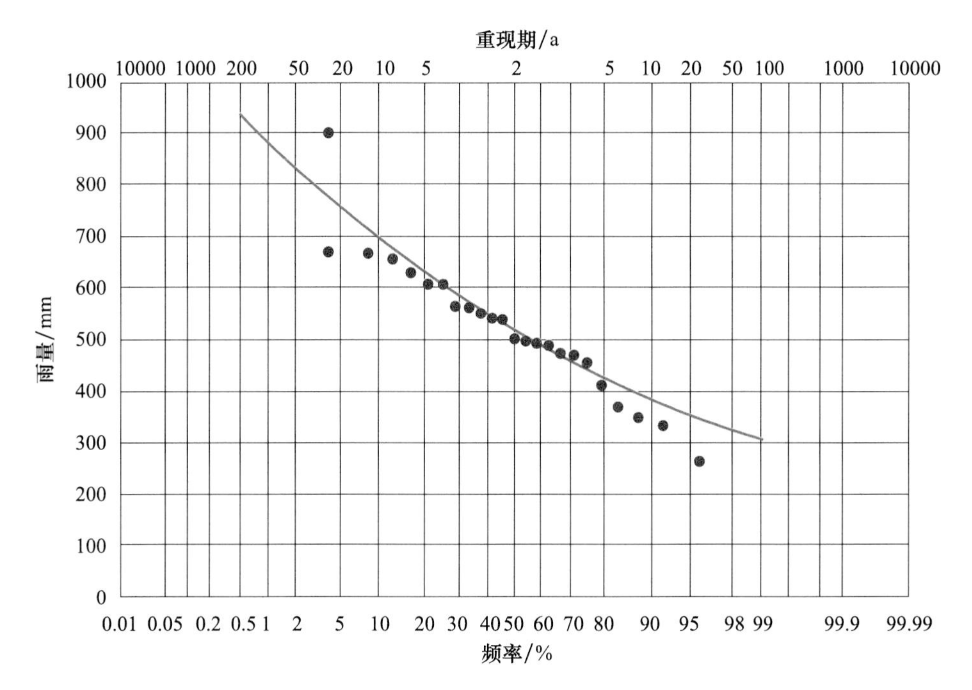

图 5-18 暴雨累计频率曲线

表 5-8　暴雨累计频率曲线主要参数及典型频率设计值

均值/mm	C_v	C_s	20%		2%	
			雨量/mm	典型年系数	雨量/mm	典型年系数
542.6	0.284	0.726	664.8	1.145	827.1	1.425

采用滑动截取的方法，选取 5 a 一遇和 50 a 一遇典型过程中 1 h、6 h、12 h、24 h、48 h、72 h 的最大雨量，不同频率不同时段雨量见表 5-9。分析表明，2 d 的最大雨量与 3 d 的最大雨量基本相同，说明在设计条件下，可以采用 3 d 的暴雨量作为评估模型的面雨量条件。图 5-19～图 5-22 为不同情况的雨量。

表 5-9　不同频率不同时段的最大雨量　　单位：mm

时间	72 h	48 h	24 h	12 h	6 h	1 h
5 a 一遇	179.1	179.1	174.7	171.6	146.3	34.5
50 a 一遇	222.9	222.9	217.4	213.5	181.9	42.9

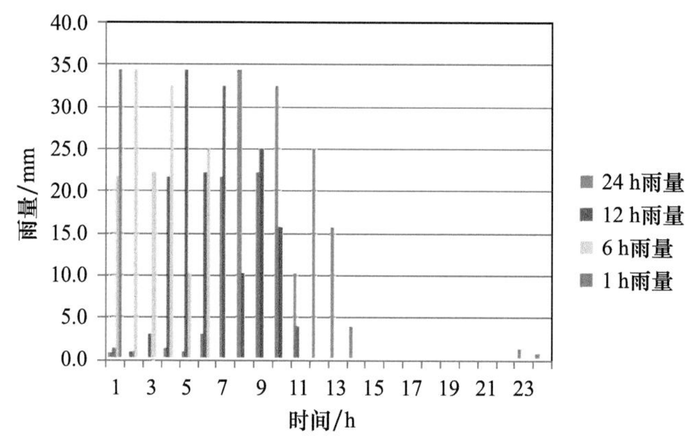

图 5-19　5 a 一遇 1 h、6 h、12 h 和 24 h 雨量

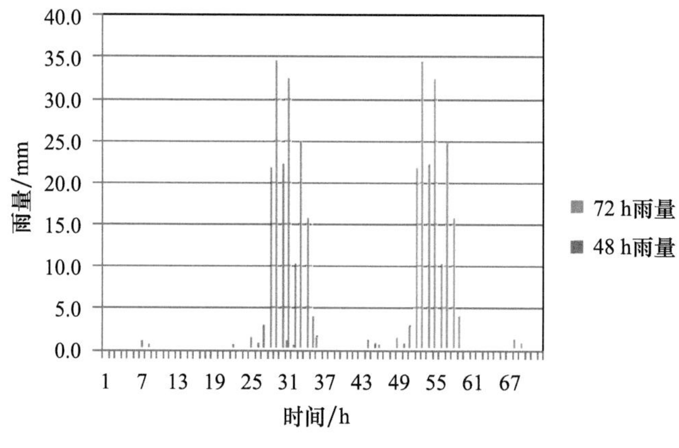

图 5-20　5 a 一遇 48 h 和 72 h 雨量

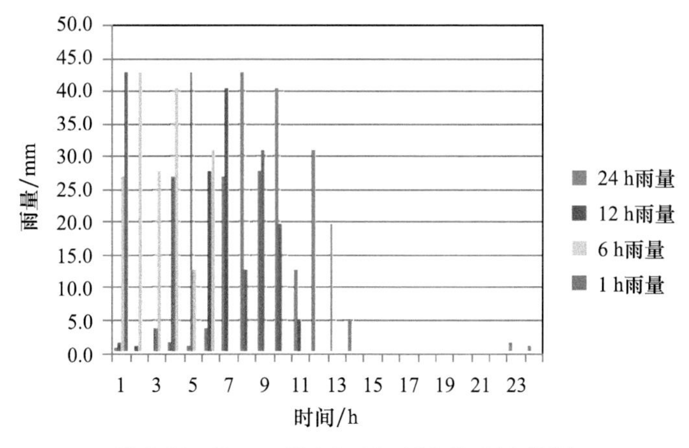

图 5-21　50 a 一遇 1 h、6 h、12 h 和 24 h 雨量

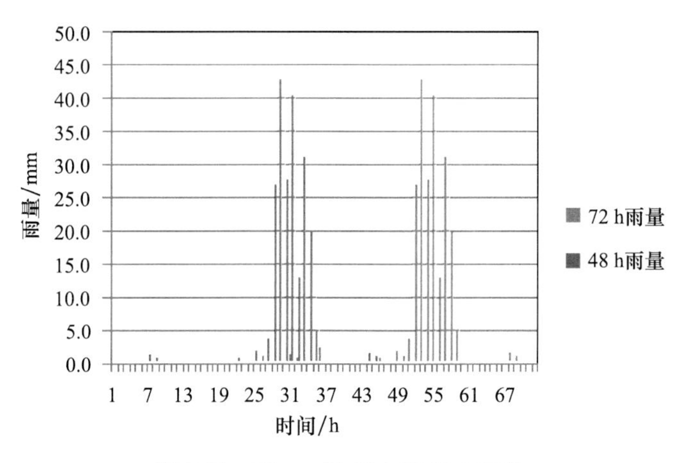

图 5-22　50 a 一遇 48 h 和 72 h 雨量

5.3.1.3　降雨径流关系验证

利用模型范围附近的3个雨量站2015年的降雨过程资料，生成有限体积单元上的时空面雨量过程，模拟单元集水过程，经子区域河道汇流后，流向河口，汇入海区。由于径流测站实测资料不完整，根据子牙新河、北排河、南排河资料可以得到3个主要河口的年入海水量信息，其他各河口水量较小或基本没有水量下泄。模型计算成果采用水位、流动分布趋势和入海总量进行验证。

在确定河道汇流参数的基础上，利用1995年最大降水量资料(黄骅市903.3 mm，羊二庄镇719.0 mm)，验证主要河口最大年径流量；利用2015年沧州站、黄骅站和海兴站3个雨量站降雨过程资料，考虑与统计资料上的年份差异，用总水量进行同比缩放调整，分别验证3个主要河口的年河口入海径流量和最大瞬时流量。表5-10为主要河口降雨径流模型的验证，其结果较为符合。

表 5-10　主要河口入海径流水量统计与模拟值比较

河道名称	子牙新河		北排河		南排河	
	统计值	模拟值	统计值	模拟值	统计值	模拟值
最大瞬时流量/(m^3/s)	1380.00	1659.70	296.00	272.50	861.00	829.39
多年平均入海径流量/亿 m^3	0.69	0.69	—	2.44	3.37	3.29
最大年入海径流量/亿 m^3	18.49	11.84	5.50	3.89	15.10	22.48

5.3.1.4　水深及流动趋势分布验证

2015 年降雨过程中最大积水深度和流动分布趋势见图 5-23，日最大雨量的最大值出现在沧州站，但沧州站在模型计算范围之外，所控制降雨区域在模型西部，且控制范围较小；黄骅站和海兴站均在模型计算范围之内，海兴站年、月、日最大雨量的最大值均大于黄骅站，海兴站主要控制范围为南部，黄骅站主要控制范围为北部。模型南部积水深度较大，与面雨量控制区域一致，在沿海区域水塘湿地较多，积水深度较小；流动方向受地形影响较大，以向河道和洼地汇流为主要流动趋势，模型总体模拟水流的运动趋势基本合理。

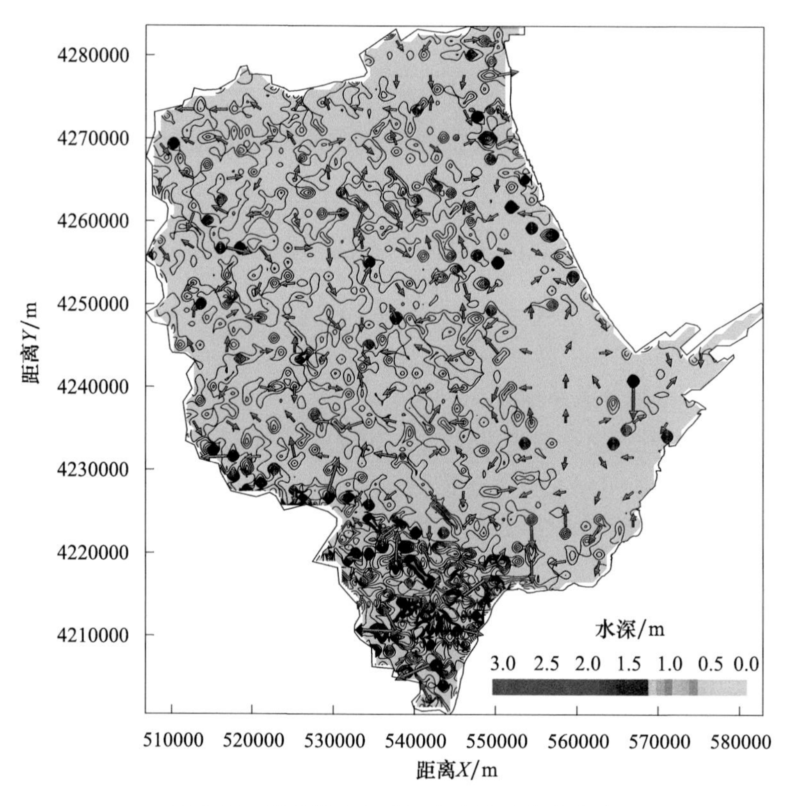

图 5-23　模拟最大积水深度和流动分布趋势

模型海岸线上主要分布子牙新河、北排河、沧浪渠、捷地减河、石碑河、廖家洼排水渠、南排河、新黄南排干、宣惠河与漳卫新河(大口河)等河口,沿岸各河口分布见图 5-24。表 5-11 为现状及规划条件下入海河口处入海水量比较。

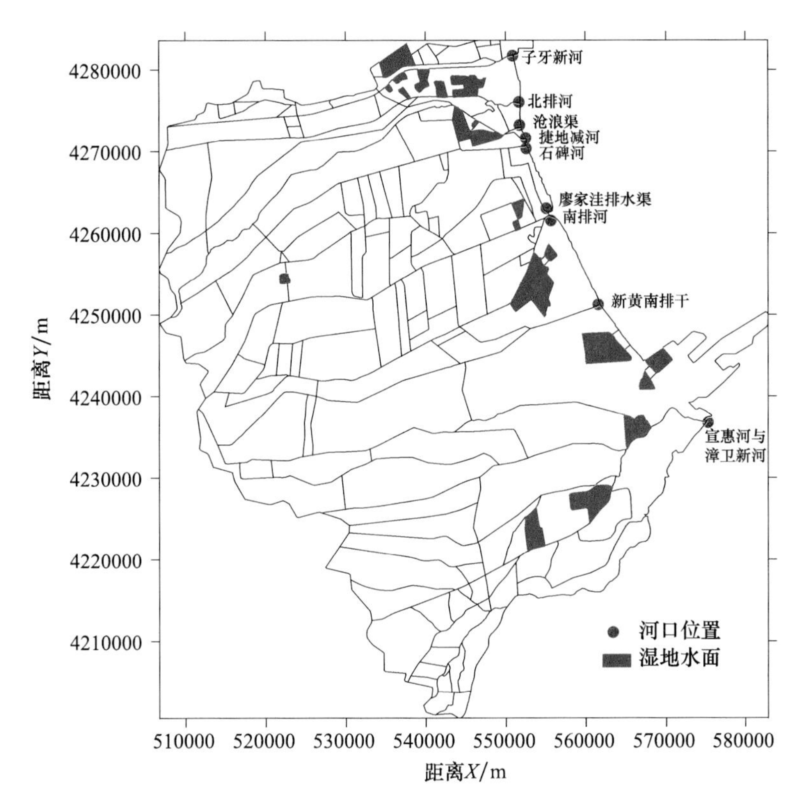

图 5-24 模型沿岸各河口分布

表 5-11 入海河口处入海水量 单位:万m³

河口序号	河口名称	现状条件下入海水量	规划条件下入海水量
1	子牙新河	6015.381	6266.087
2	北排河	2408.014	2333.666
3	沧浪渠	8.190	9.260
4	捷地减河	8.190	9.260
5	石碑河	8.739	9.100
6	廖家洼排水渠	11.242	9.527
7	南排河	3911.766	3446.146
8	新黄南排干	12.204	9.062
9	宣惠河	2359.423	1928.259
10	漳卫新河	2878.061	2101.901

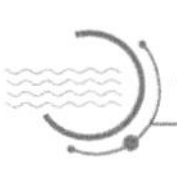

从表 5-11 中可以看出，入海水量较多的是子牙新河、北排河、南排河、宣惠河及漳卫新河，其余河口入海水量很少。经计算，研究区域内现状条件下总入海水量为 1.76 亿 m^3，规划条件下为 1.61 亿 m^3，其中，现状及规划条件下子牙新河的入海水量超过 34%。由于 2 a 一遇年雨量小于 2015 年年雨量，所以整体上 2 a 一遇入海水量小于 2015 年入海水量。

5.3.2 农村污染物负荷估算

5.3.2.1 村庄各污染元素分布

渤海新区村庄污染物源头主要有村庄居民生活、牲畜养殖、禽类养殖、海水养殖、淡水养殖、农业化肥和工业排放等。各村庄污染元素排放量分布如图 5-25 所示，表 5-12 为各类污染源估算污染元素的排放总量。

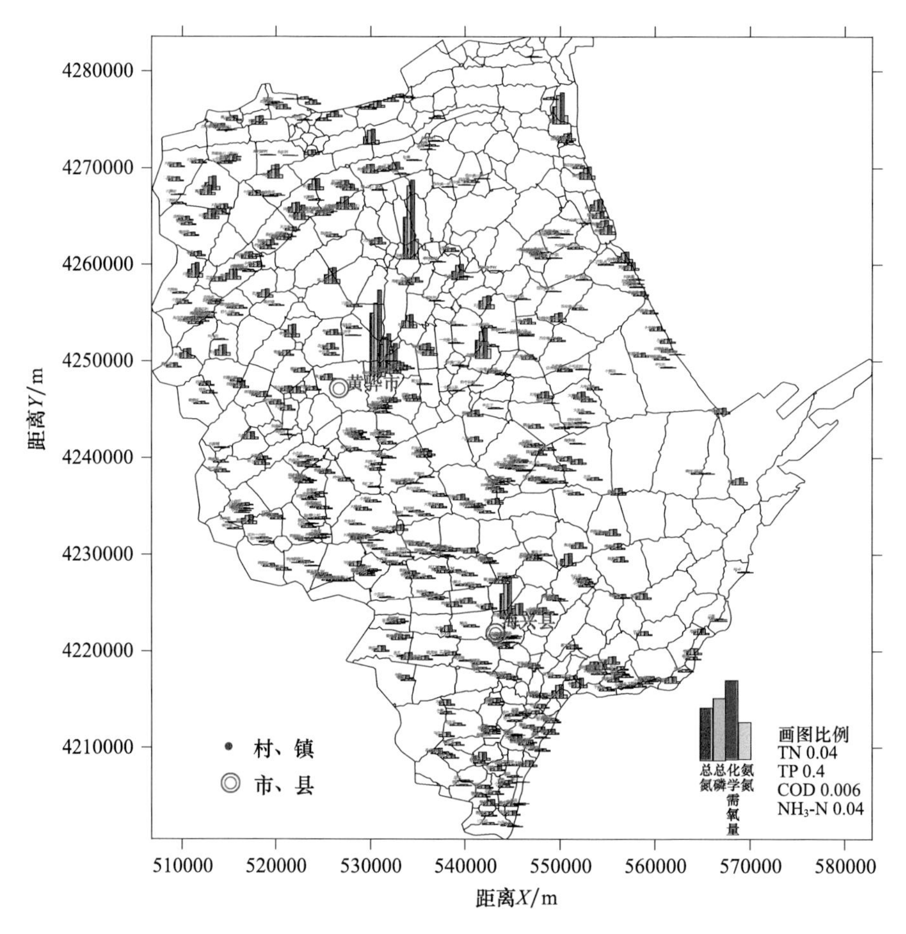

图 5-25 各村庄污染元素排放量分布

表 5-12 各类污染源估算污染元素排放总量 单位:t

类别	TN	TP	COD	NH_3-N
人口	1663.87	105.48	10045.47	1205.46
猪存栏	252.22	48.98	5264.83	133.45
奶牛存栏	71.27	11.13	1466.78	2.73
肉牛存栏	190.59	29.52	8164.26	41.98
羊存栏	159.29	30.94	3325.33	84.30
蛋鸡	275.34	58.26	6761.54	58.26
肉鸡	80.31	27.22	2228.23	5.18
海鱼养殖	7.57	0.62	37.10	0.76
海虾蟹养殖	10.22	3.33	278.76	1.02
海其他养殖	0.92	0.17	17.71	0.09
淡水鱼养殖	14.66	2.44	113.81	1.47
淡水虾蟹养殖	0.30	0.03	7.55	0.03
化肥施用	483.74	203.13	0.00	48.37
工业污染	307.26	20.92	128.24	30.72
合计	3517.56	542.17	37839.61	1613.82

根据污染源数量及各类污染物负荷,估算模型研究区域内各污染物年均排放总量:TN 为 3517.56 t,TP 为 542.17 t,COD 为 37839.61 t,NH_3-N 为 1613.82 t。

5.3.2.2 TN 排放量分析

不同来源的 TN 排放量:居民生活为 1663.87 t,畜禽养殖 1029.02 t,水产养殖(海水养殖、淡水养殖)为 33.67 t,农业化肥为 483.74 t,工业污染为 307.26 t。从来源看,TN 排放量的贡献率大小依次为:居民生活>畜禽养殖>农业化肥>工业污染>水产养殖。

从行政区域来看,TN 排放量最多的是黄骅镇为 437.44 t。其余排放较多的乡镇有南排河镇、南大港管理区、临港经济技术开发区、吕桥镇等。

各乡镇不同来源的 TN 排放量所占比例关系基本一致,主要来自居民生活及畜禽养殖。由于新乡回族自治乡、南大港管理区及临港经济技术开发区集中了较多工业企业,所以工业污染是 TN 排放的主要来源。对于黄骅市其他乡镇各来源对 TN 排放量的贡献率大小依次为:居民生活>畜禽养殖>农业化肥>工业污染>水产养殖。对于海兴县的各乡镇来源对 TN 排放量贡献率大小依次为:居民生活>畜禽养殖>农业化肥>水产养殖>工业污染。

5.3.2.3 TP 排放量分析

不同来源 TP 排放量：居民生活 105.48 t，畜禽养殖 206.05 t，水产养殖（海水养殖、淡水养殖）6.59 t，农业化肥 203.13 t，工业污染 20.92 t。从来源看，TP 排放量的贡献率大小依次为：畜禽养殖＞农业化肥＞居民生活＞工业污染＞水产养殖。

从行政区域来看，TP 排放量最多的是黄骅镇，其排放量 52.84 t。其余排放较多的乡镇有南大港管理区、临港经济技术开发区、吕桥镇、南排河镇等。

各乡镇不同来源的 TP 排放量所占比例关系基本一致，主要来自畜禽养殖及农业化肥。对于黄骅市的大部分乡镇，各来源对 TP 排放量的贡献率大小依次为：畜禽养殖＞农业化肥＞居民生活＞工业污染＞水产养殖。对于海兴县的各乡镇，各来源对 TP 排放量的贡献率大小依次为：农业化肥＞畜禽养殖＞居民生活＞水产养殖＞工业污染。

5.3.2.4 COD 排放量分析

不同来源 COD 排放量：居民生活 10045.47 t，畜禽养殖 27210.97 t，水产养殖（海水养殖、淡水养殖）454.93 t，工业污染 128.24 t。从来源看，COD 排放量的贡献率大小依次为：畜禽养殖＞居民生活＞水产养殖＞工业污染。

从行政区域来看，COD 排放量最多的是黄骅镇，其排放量 3963.25 t。其余排放较多的乡镇有南大港管理区、南排河镇、临港经济技术开发区、吕桥镇、齐家务乡、苏基镇等。

各乡镇不同来源 COD 排放量所占比例关系基本一致，主要来自居民生活及畜禽养殖。对各乡镇来说，各来源对 COD 排放量的贡献率大小依次为：畜禽养殖＞居民生活＞水产养殖＞工业污染。

5.3.2.5 NH_3-N 排放量分析

不同来源 NH_3-N 排放量：居民生活 1205.46 t，畜禽养殖 325.90 t，水产养殖（海水养殖、淡水养殖）3.37 t，农业化肥 48.37 t，工业污染 30.72 t。从来源看，NH_3-N 排放量的贡献率大小依次为：居民生活＞畜禽养殖＞农业化肥＞工业污染＞水产养殖。

从行政区域来看，NH_3-N 排放量黄骅镇最多，其排放量 241.25 t。其余排放较多的乡镇有南大港管理区、临港经济技术开发区、苏基镇、南排河镇等。

各乡镇不同来源的 NH_3-N 排放量所占比例关系基本一致，主要来自居民生活及畜禽养殖。对于黄骅市的黄骅镇、南大港管理区、临港经济技术开发区及新村回族乡，各来源对 NH_3-N 排放量的贡献率大小依次为：居民生活＞畜禽养殖＞工业污染＞农业化肥＞水产养殖。对于其余乡镇，各来源对 NH_3-N 排放量的贡献率大小依次为：居民生活＞畜禽养殖＞农业化肥＞工业污染＞水产养殖。

不同来源的污染元素排放量所占百分比见图 5-26～图 5-29。可以看出，居民生活和畜禽养殖污染元素排放量最高,农业化肥污染元素排放量次高。

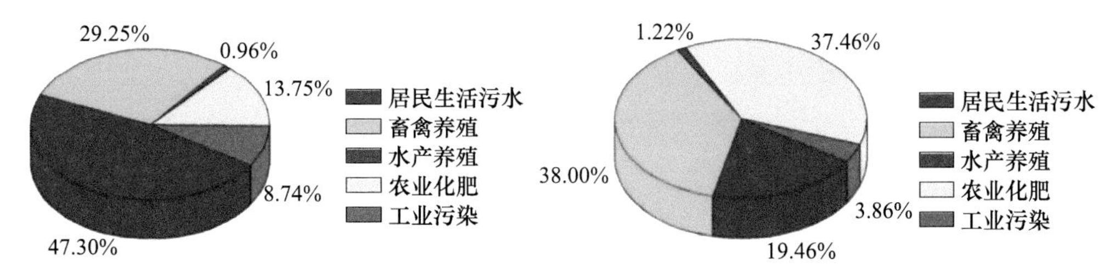

图 5-26　不同来源 TN 排放量所占百分比　　图 5-27　不同来源 TP 排放量所占百分比

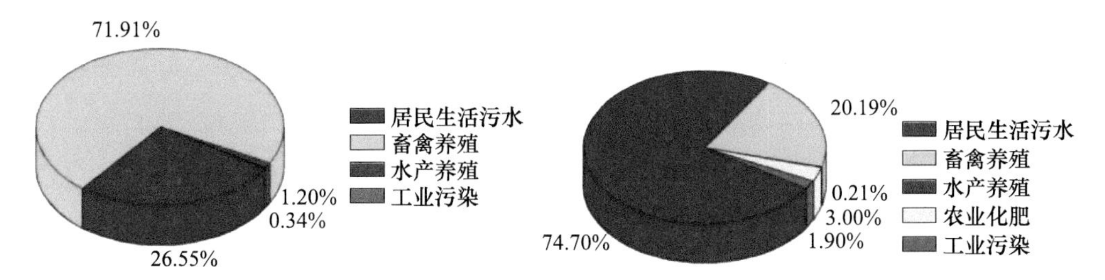

图 5-28　不同来源 COD 排放量所占百分比　　图 5-29　不同来源 NH_3-N 排放量所占百分比

5.3.3　工业污染物估算

由于缺少产值规模等资料,采用同类产业的总值进行平均分配,整个研究区域内工业污染元素年均排放总量中:TN 为 307.26 t,TP 为 20.92 t,COD 为 128.24 t,NH_3-N 为 30.72 t。

5.3.4　现状条件下子区域污染元素排放量

在模拟污染物迁移时,以子区域为计算单位,将计算出的各村庄污染物排放量转换为子区域的污染物排放量。

对于非点源污染,将村庄作为样点,利用泰森多边形,分配各网格单元的污染物排放量。

对于工业污染,将其污染物排放量直接叠加在污染企业所在单元网格上。

将子区域内各网格单元的污染物排放量相加,得到各子区域的污染物排放量。

2015 年各子区域各种污染元素排放量分布如图 5-30。从图中可以看出,现状条件下 4 种污染物排放量的分布情况基本一致,主要集中在人口分布较多的黄骅市城区骅西、骅中、骅东街道,吕桥镇,苏基镇等;除此之外,还集中在南大港管理区、中捷产业园区等工业企业分布较为集中,人口也较多的区域。表 5-13 为现状条件下各污染元素排放量。

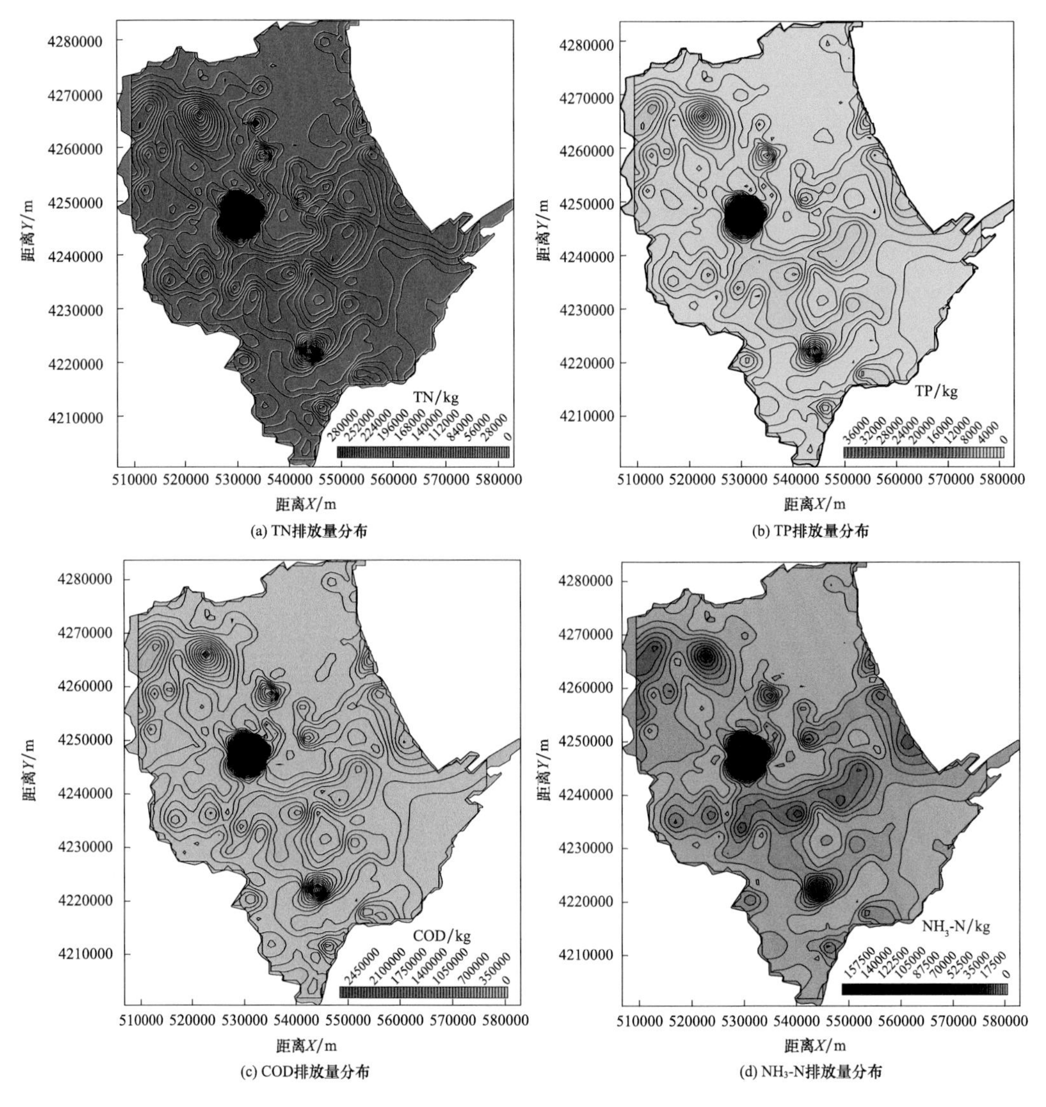

(a) TN排放量分布　(b) TP排放量分布

(c) COD排放量分布　(d) NH_3-N排放量分布

图 5-30　各子区域各种污染元素排放量分布

表 5-13　现状条件下各污染元素排放量统计　单位：t

类别	TN	TP	COD	NH_3-N
村镇	3513.29	542.06	37836.79	1613.38
工业	307.26	20.92	128.24	30.72
总量	3820.55	562.98	37965.03	1644.10

5.4 渤海新区生态环境评价结果及分析

5.4.1 现状地表水环境评价

通过降雨径流模型及污染物迁移模型，可得到各子区域内河道残留污染物浓度，将河道残留污染物浓度作为河道平均污染物浓度，与《地表水质量环境评价标准》(GB 3838—2002)中地表水环境质量第Ⅲ类标准限值浓度相比，评估各子区域地表水环境质量是否达标。判断标准为：4 类污染物中只要存在不满足第Ⅲ类要求的指标，即判定该子区域未达标。地表水环境质量标准限值浓度如表 5-14。

表 5-14 地表水环境质量标准限值浓度 单位：mg/L

项目	Ⅰ类	Ⅱ类	Ⅲ类	Ⅳ类	Ⅴ类
COD	≤15	≤15	≤20	≤30	≤40
NH_3-N	≤0.15	≤0.50	≤1.00	≤1.50	≤2.00
TP	≤0.02	≤0.10	≤0.20	≤0.30	≤0.40
TN	≤0.2	≤0.5	≤1.0	≤2.0	≤3.0

5.4.1.1 典型年降雨过程污染元素浓度模拟

典型年(2015 年，下同)年雨量分布见图 5-31，海区附近雨量较大，模型西南部地区雨量较小。

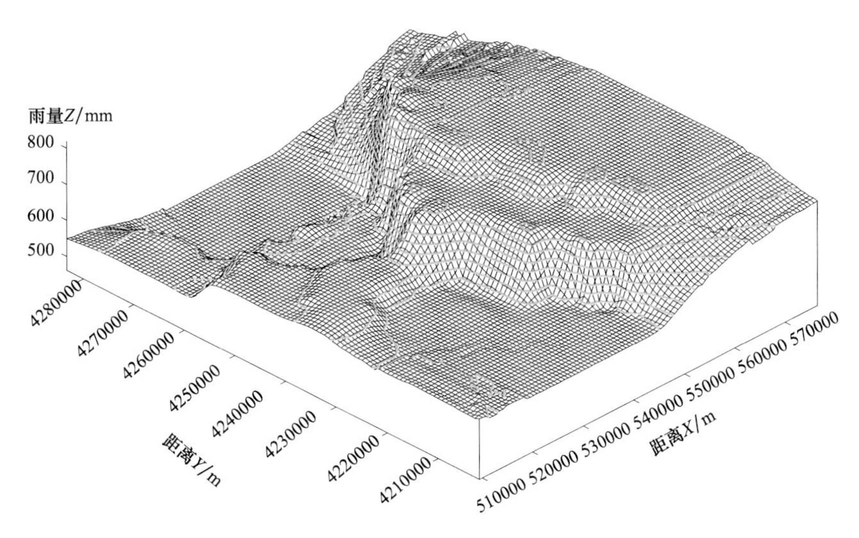

图 5-31 典型年年雨量分布

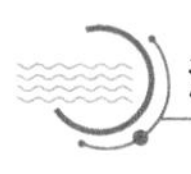

图 5-32～图 5-39 分别为研究区域内 TN、TP、COD 和 NH_3-N 浓度超标子区域分布。从图中可以看出，黄骅市与海兴县县城各项污染物均超第Ⅱ和Ⅲ类指标，河口处多有污染元素超标；子牙新河径流较大，子牙新河流经区域均无污染物超标；4 项污染元素中，TN 超标区域最多，超第Ⅱ类指标子区域均多于超第Ⅲ类指标子区域，超标子区域分布趋势基本合理。

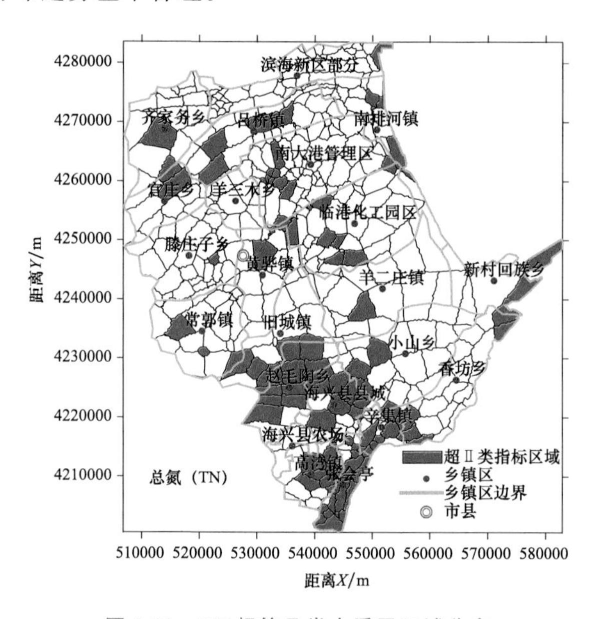

图 5-32　TN 超第Ⅱ类水质子区域分布

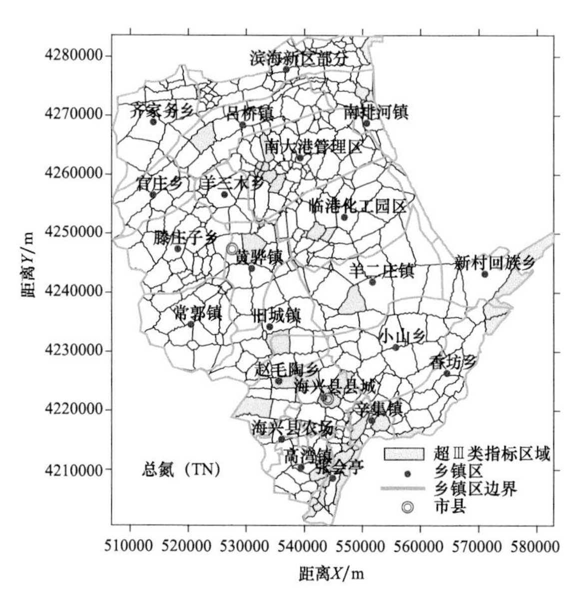

图 5-33　TN 超第Ⅲ类水质子区域分布

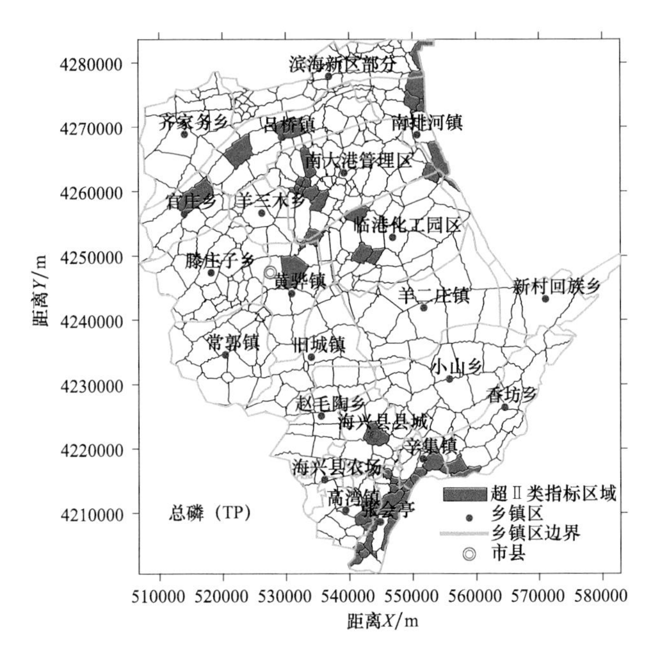

图 5-34　TP 超第Ⅱ类水质子区域分布

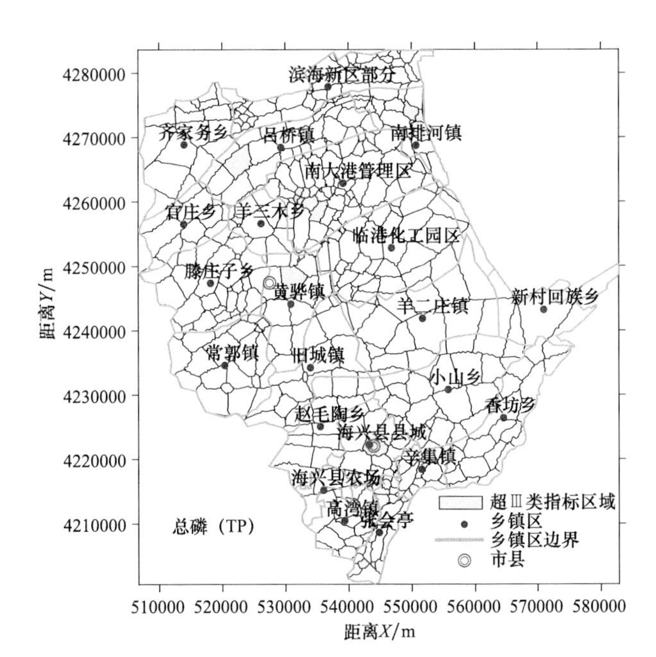

图 5-35　TP 超第Ⅲ类水质子区域分布

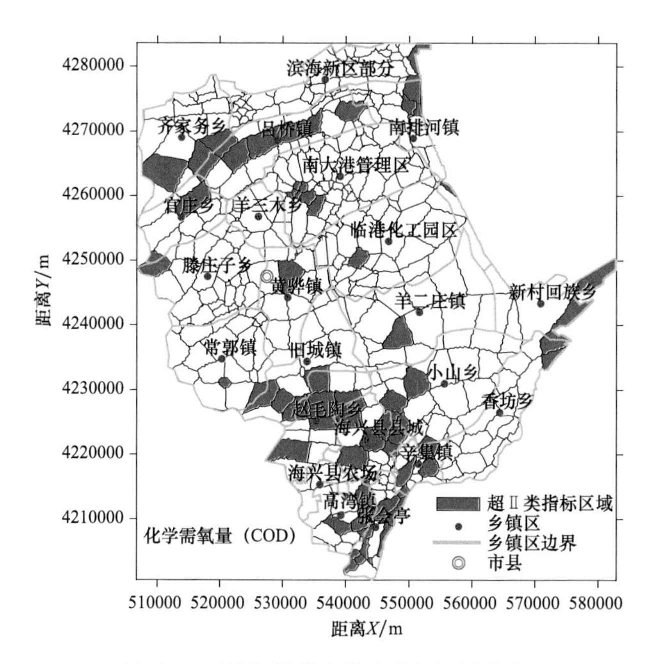

图 5-36　COD 超第Ⅱ类水质子区域分布

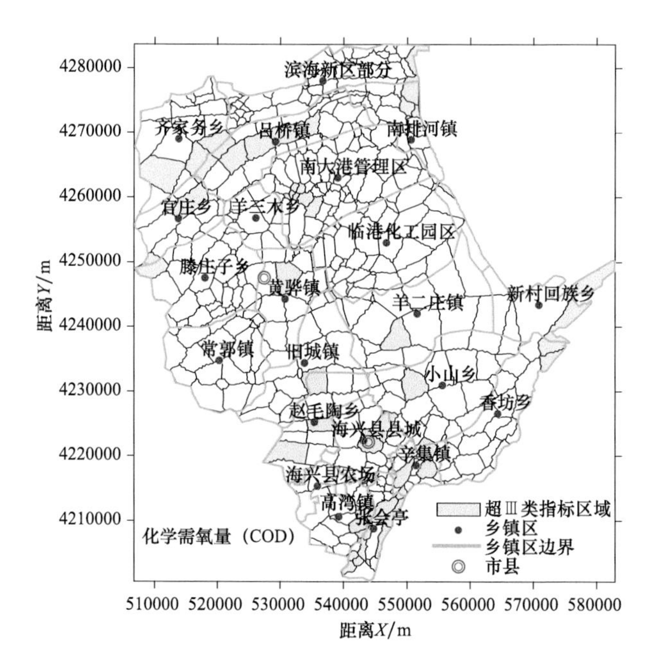

图 5-37　COD 超第Ⅲ类水质子区域分布

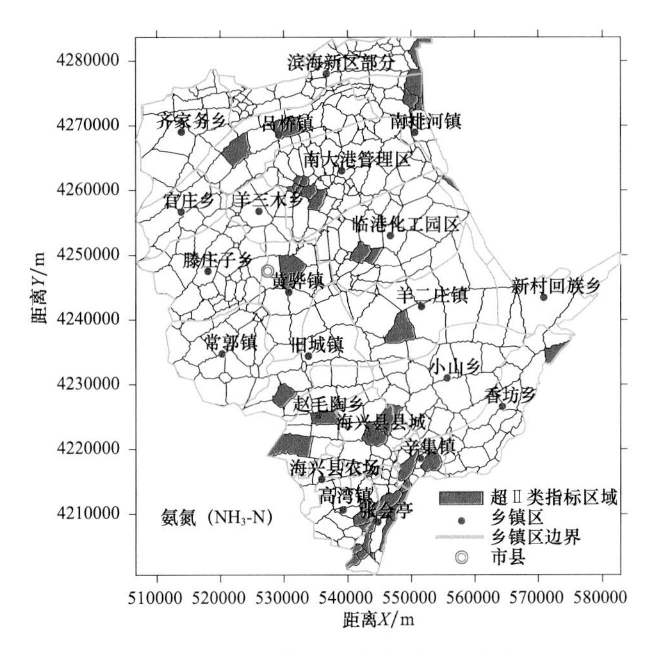

图 5-38 NH_3-N 超第Ⅱ类水质子区域分布

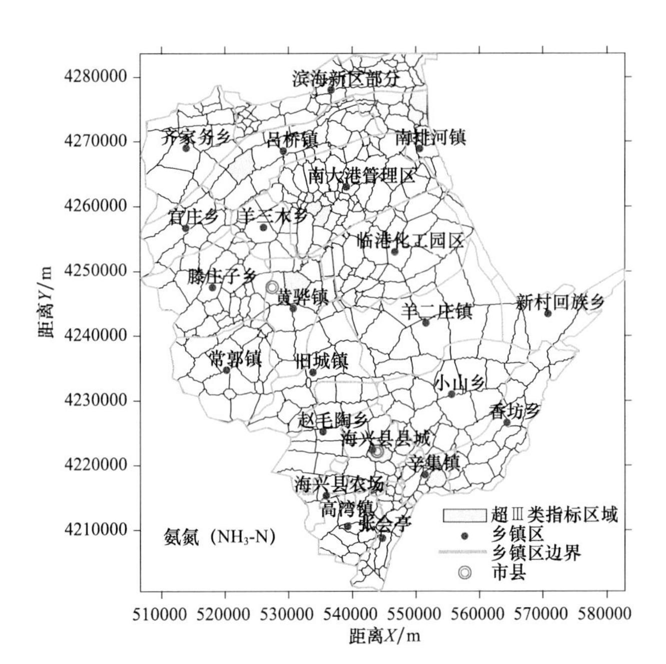

图 5-39 NH_3-N 超第Ⅲ类水质子区域分布

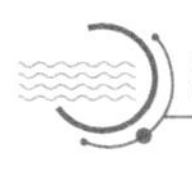

图 5-40～图 5-43 分别为研究区域内子区域 TN、TP、COD 和 NH_3-N 浓度分布，在径流较大的河口子区域内污染元素浓度较高，基本符合浓度迁移规律。

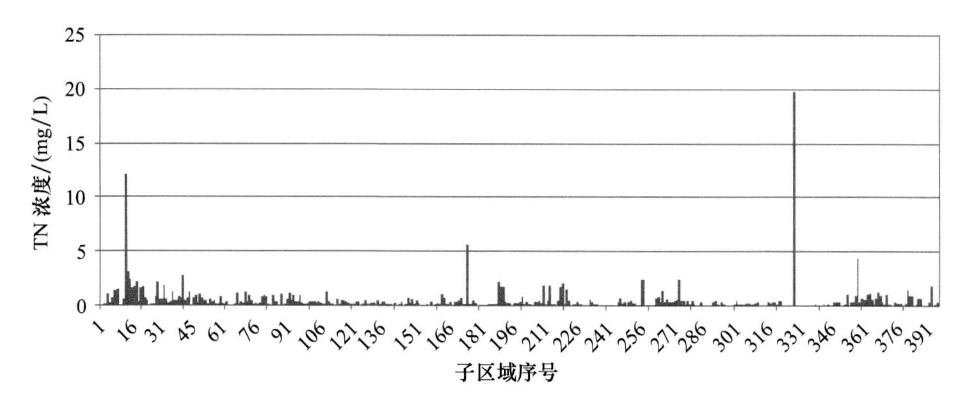

图 5-40　各单元 TN 浓度分布

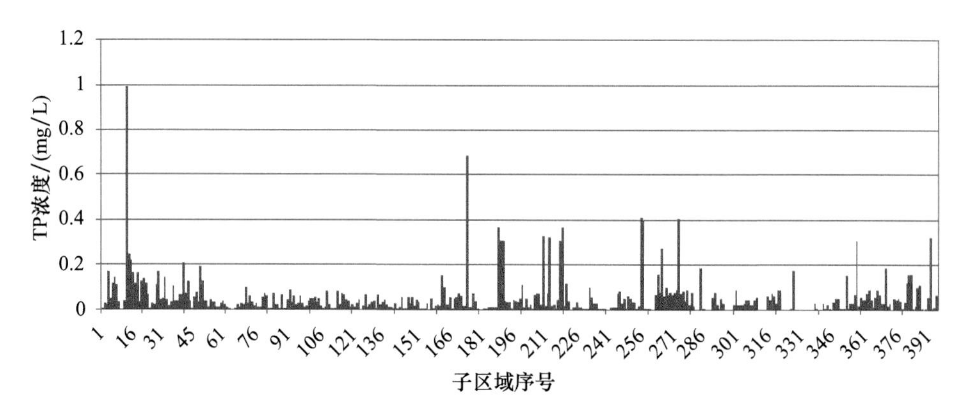

图 5-41　各单元 TP 浓度分布

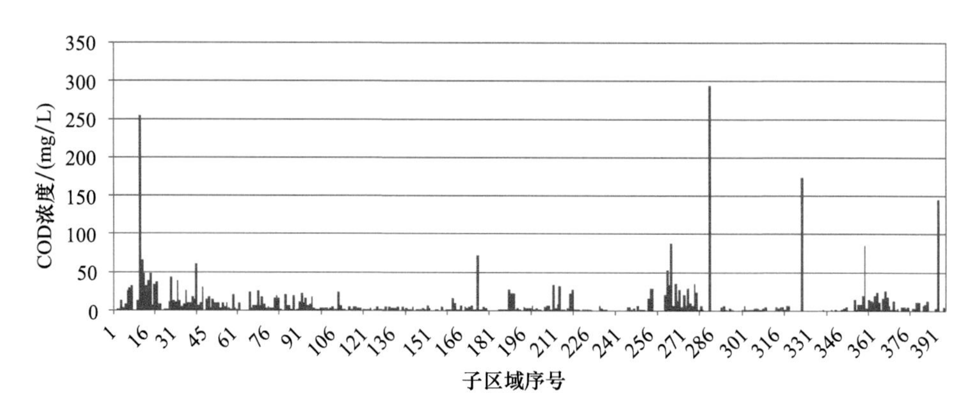

图 5-42　各单元 COD 浓度分布

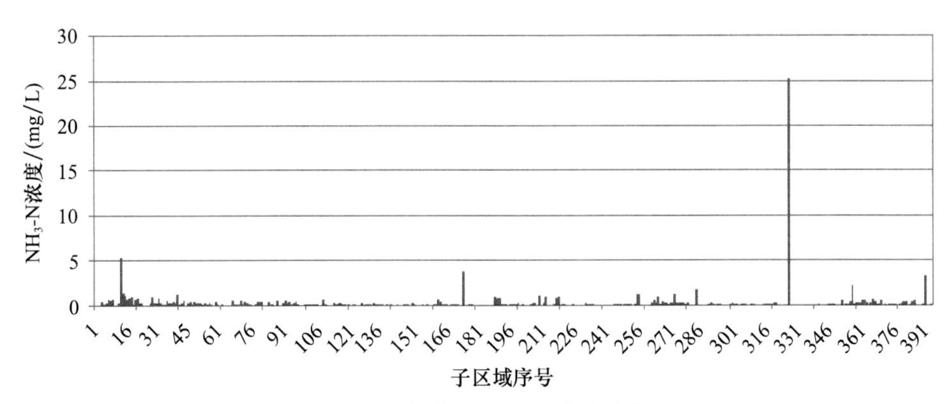

图 5-43 各单元 NH_3-N 浓度分布

表 5-15 为典型年年污染元素浓度的特征数据。可以看出,第Ⅱ类水质标准情况下,TN 超标子区域数最多,达 88 个,覆盖面积 19488.0 万 m^2,高出指标平均倍数为 2.507 倍,高出指标最大倍数为 11.108 倍,出现在黄骅市所在子区域内,子区域序号为 175 号。第Ⅲ类水质标准情况下,COD 超标子区域数最多,达 44 个,覆盖面积 18715.9 万 m^2,高出指标平均倍数为 1.811 倍,高出指标最大倍数为 4.401 倍,出现在吕桥镇所在子区域内,子区域序号为 267 号。

表 5-16 为典型年各河口污染元素浓度。可以看出,子牙新河、北排河、沧浪渠、南排河、宣惠河和漳卫新河河口超标较严重,其中,沧浪渠和南排河河口 4 种污染元素浓度均较第Ⅱ和Ⅲ类水质超标。

表 5-15 典型年年污染元素浓度的特征数据

污染元素	水质类别	指标 /(mg/L)	超标区数	平均倍数	最大倍数	超标面积 /万 m^2	子区域序号	地区
TN	Ⅱ	≤0.5	88	2.507	11.108	19488.0	175	黄骅市
TP	Ⅱ	≤0.1	46	2.080	6.860	10358.4	175	黄骅市
COD	Ⅱ	≤15.0	59	2.091	5.868	20140.8	267	吕桥镇
NH_3-N	Ⅱ	≤0.5	37	1.931	7.658	11443.4	175	黄骅市
TN	Ⅲ	≤1.0	42	1.855	5.554	12774.7	175	黄骅市
TP	Ⅲ	≤0.2	17	1.663	3.430	5637.8	175	黄骅市
COD	Ⅲ	≤20.0	44	1.811	4.401	18715.9	267	吕桥镇
NH_3-N	Ⅲ	≤1.0	14	1.432	3.829	6387.1	175	黄骅市

表 5-16 典型年各河口污染元素浓度 单位:mg/L

污染元素	TN	TP	COD	NH_3-N
子牙新河河口	19.725↑↑	0.177↑	173.852↑↑	25.235↑↑
北排河河口	0.309	0.189↑	294.589↑↑	1.810↑↑

续表

污染元素	TN	TP	COD	NH_3-N
沧浪渠河口	2.450↑↑	0.409↑↑	29.316↑↑	1.188↑↑
捷地减河河口	0.169	0.028	1.925	0.083
石碑河河口	0.169	0.028	1.925	0.084
廖家洼渠河口	0.589↑	0.101↑	7.016	0.287
南排河河口	1.809↑↑	0.324↑↑	145.840↑↑	3.340↑↑
新黄南排河口	0.122	0.020	1.388	0.061
宣惠河河口	1.190↑↑	0.025	24.345↑↑	0.498
漳卫新河河口	1.499↑↑	0.032	32.164↑↑	0.643↑

注：↑表示较第Ⅱ类水质超标，↑↑表示较第Ⅱ和Ⅲ类水质同时超标。

5.4.1.2 5 a一遇降雨情况的污染元素浓度模拟

5 a一遇年雨量分布见图5-44，海区附近雨量较大，模型中部地区雨量较小。

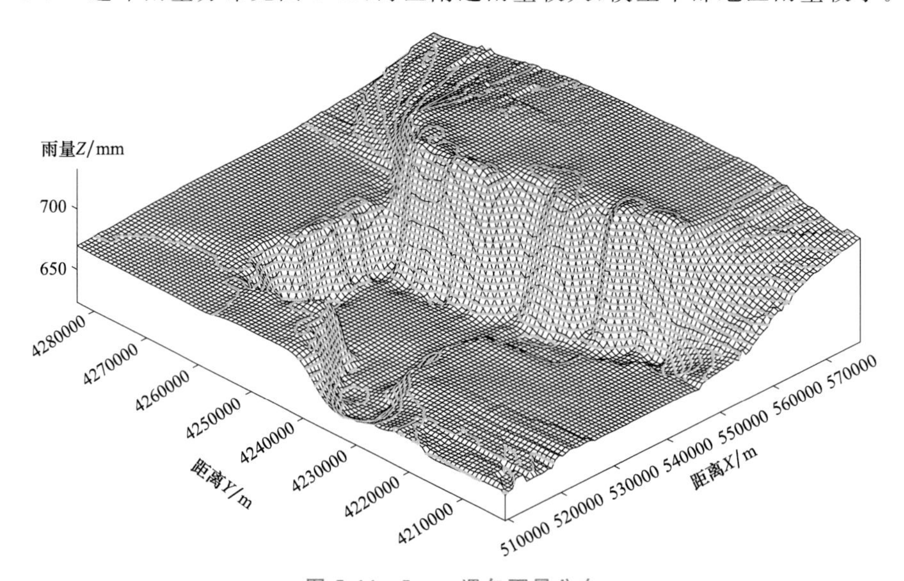

图5-44 5 a一遇年雨量分布

图5-45～图5-52分别为研究区域5 a一遇年雨量情况下，子区域内TN、TP、COD和NH_3-N浓度超标子区域分布。

表5-17为5 a一遇年雨量情况下，年污染元素浓度的特征数据。可以看出，第Ⅱ类水质标准情况下，TN超标子区域数最多，达85个，覆盖面积15263.3万m^2，高出指标平均倍数为2.482倍，高出指标最大倍数为10.426倍，出现在海兴县城所在子区域内，子区域序号为359号。第Ⅲ类水质标准情况下，TN超标子区域数最多，达45个，覆盖面积15858.7万m^2，高出指标平均倍数为1.718倍，高出指标最大倍数为5.213倍，出现在海兴县城所在子区域内，子区域序号为359号。由于5 a一遇年

雨量大于2015年年雨量，所以各项污染元素浓度特征数据小于2015年年雨量情况下各项污染元素浓度特征数据。

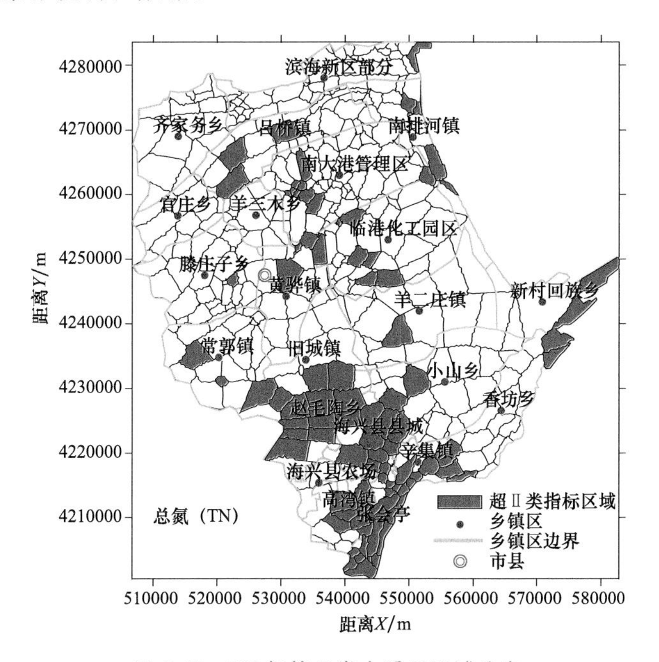

图 5-45　TN超第Ⅱ类水质子区域分布

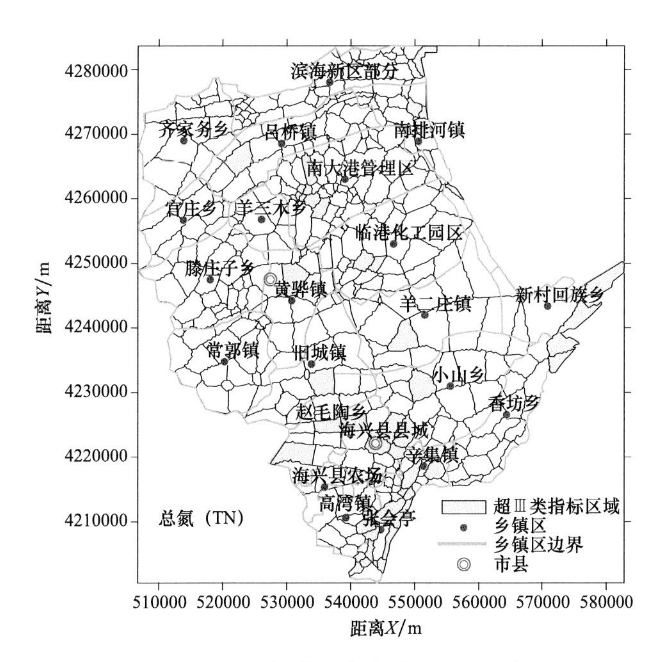

图 5-46　TN超第Ⅲ类水质子区域分布

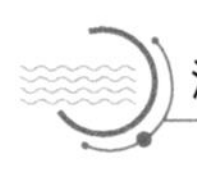

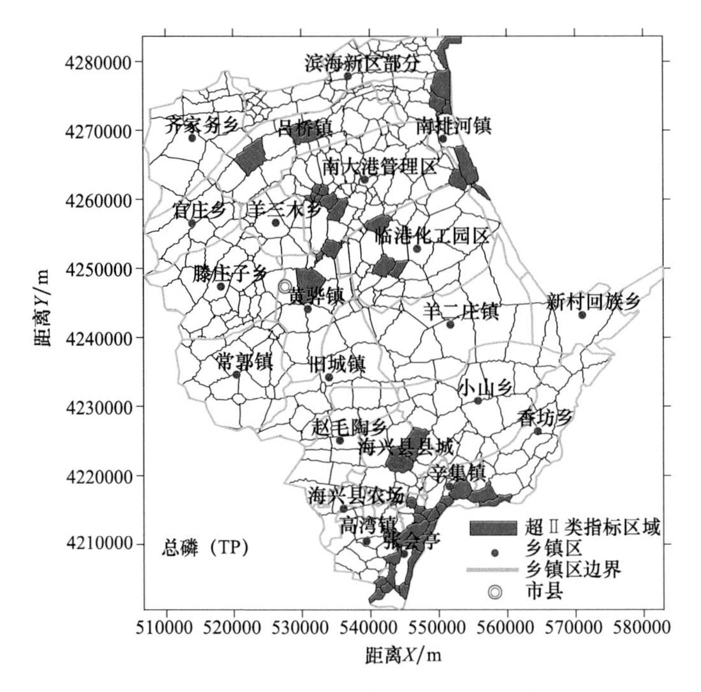

图 5-47　TP 第超Ⅱ类水质子区域分布

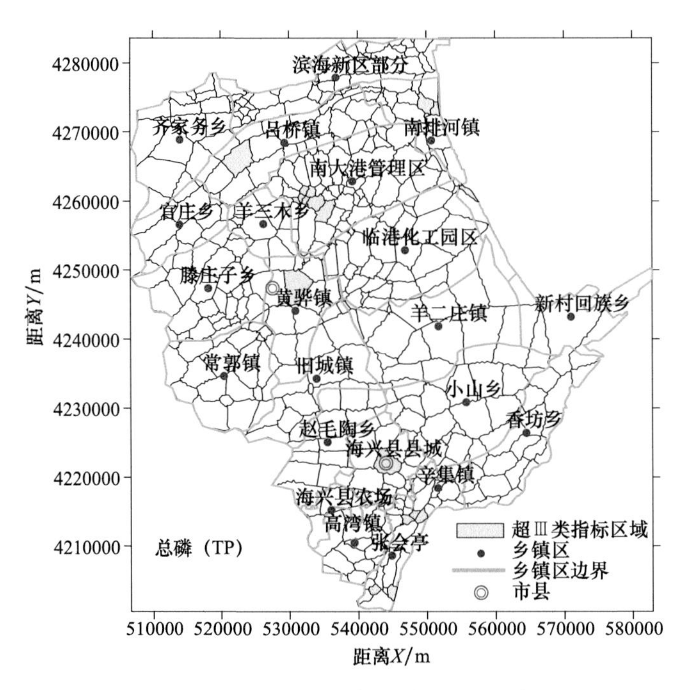

图 5-48　TP 超第Ⅲ类水质子区域分布

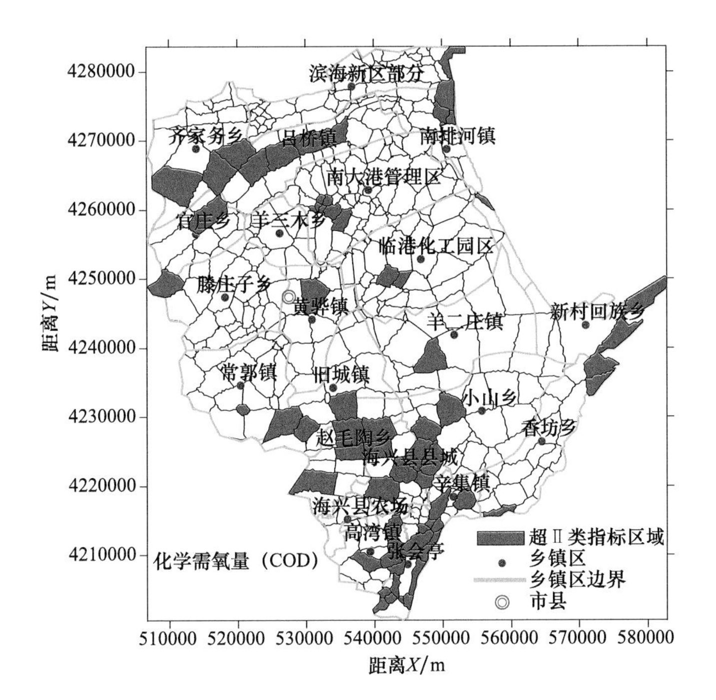

图 5-49　COD 超第Ⅱ类水质子区域分布

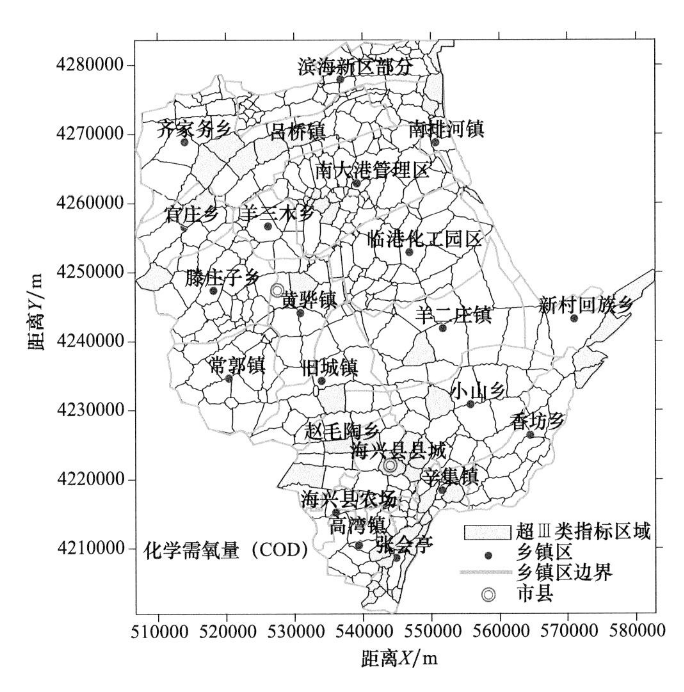

图 5-50　COD 超第Ⅲ类水质子区域分布

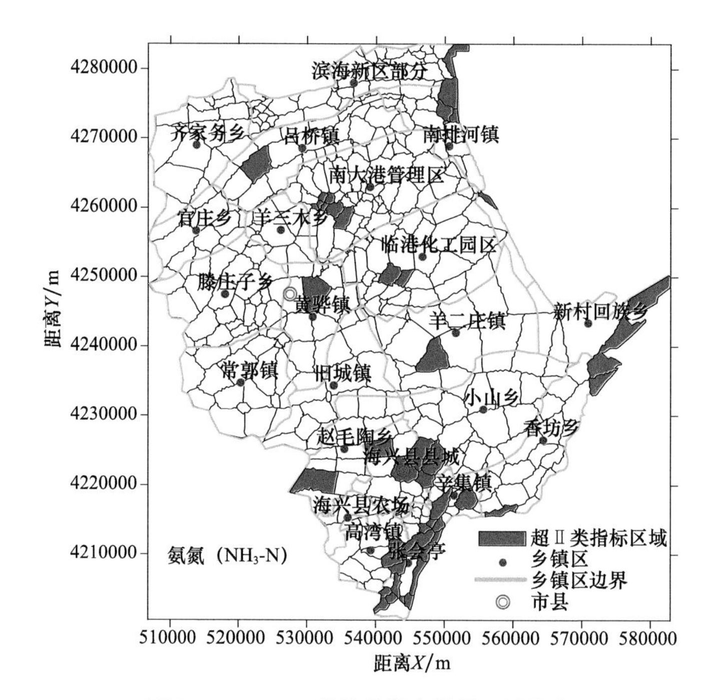

图 5-51　NH_3-N 超第Ⅱ类水质子区域分布

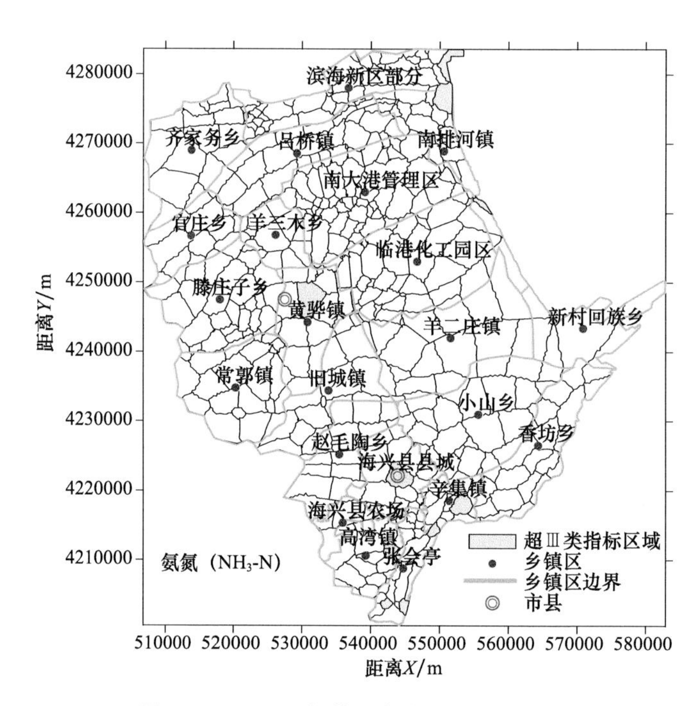

图 5-52　NH_3-N 超第Ⅲ类水质子区域分布

表 5-18 为 5 a 一遇年雨量情况下，各河口污染元素浓度。可以看出，子牙新河、北排河、沧浪渠、南排河、宣惠河和漳卫新河河口超标较严重，其中，南排河河口 4 种污染元素浓度均较第Ⅱ和Ⅲ类水质超标，较 2015 年年雨量情况下，年污染元素浓度稍好。

表 5-17　5 a 一遇年雨量污染元素浓度的特征数据

污染元素	水质类别	指标/(mg/L)	超标区数	平均倍数	最大倍数	超标面积/万 m^2	子区序号	地区
TN	Ⅱ	≤0.5	85	2.482	10.426	15263.3	359	海兴县
TP	Ⅱ	≤0.1	44	2.025	6.320	7812.4	175	黄骅市
COD	Ⅱ	≤15.0	60	1.960	6.750	19935.1	359	海兴县
NH_3-N	Ⅱ	≤0.5	40	1.781	7.072	12947.3	175	黄骅市
TN	Ⅲ	≤1.0	45	1.718	5.213	15858.7	359	海兴县
TP	Ⅲ	≤0.2	18	1.461	3.160	4950.3	175	黄骅市
COD	Ⅲ	≤20.0	43	1.712	5.063	24487.8	359	海兴县
NH_3-N	Ⅲ	≤1.0	8	1.726	3.536	4250.7	175	黄骅市

表 5-18　5 a 一遇年雨量各河口污染元素浓度　单位：mg/L

污染元素	TN	TP	COD	NH_3-N
子牙新河河口	14.185↑↑	0.127↑	125.012↑↑	18.117↑↑
北排河河口	0.191	0.116↑	181.824↑↑	1.121↑↑
沧浪渠河口	1.768↑↑	0.295↑↑	21.156↑↑	0.857↑
捷地减河河口	0.122	0.020	1.389	0.060
石碑河河口	0.122	0.021	1.389	0.061
廖家洼渠河口	0.651↑	0.112↑	7.750	0.317
南排河河口	1.802↑↑	0.326↑↑	145.421↑↑	3.353↑↑
新黄南排河口	0.135	0.022	1.533	0.068
宣惠河河口	1.625↑↑	0.035	34.781↑↑	0.697↑
漳卫新河河口	1.624↑↑	0.035	34.842↑↑	0.697↑

注：↑表示较第Ⅱ类水质超标，↑↑表示较第Ⅱ和Ⅲ类水质同时超标。

5.4.1.3　2 a 一遇降雨情况的污染元素浓度模拟

2 a 一遇年雨量分布见图 5-53，海区附近雨量较大，模型中部和西南部地区雨量较小。

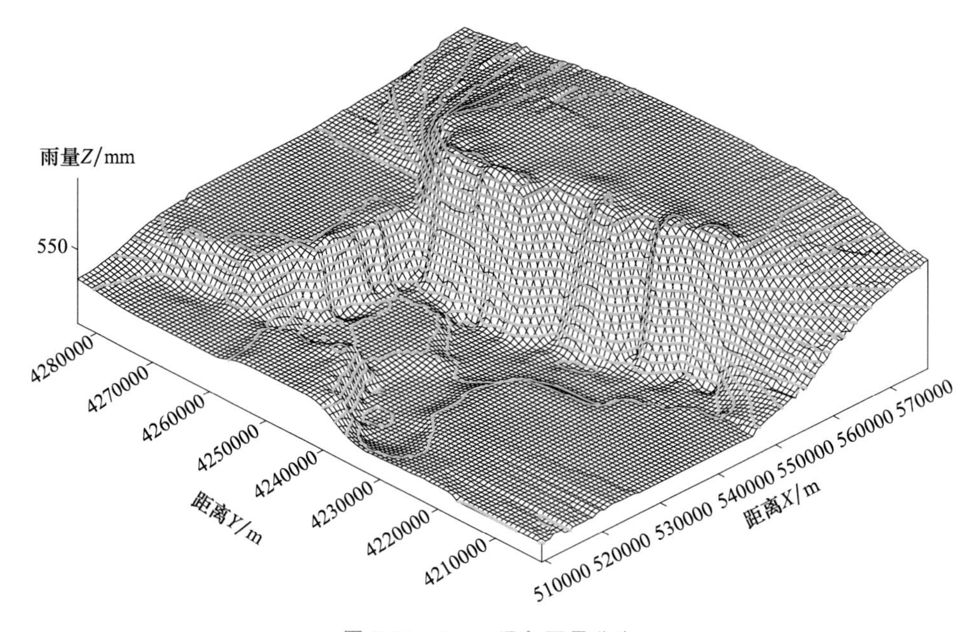

图 5-53　2 a 一遇年雨量分布

图 5-54～图 5-61 分别为研究区域上 2 a 一遇年雨量情况下，子区域内的 TN、TP、COD 和 NH_3-N 浓度超标子区域分布。

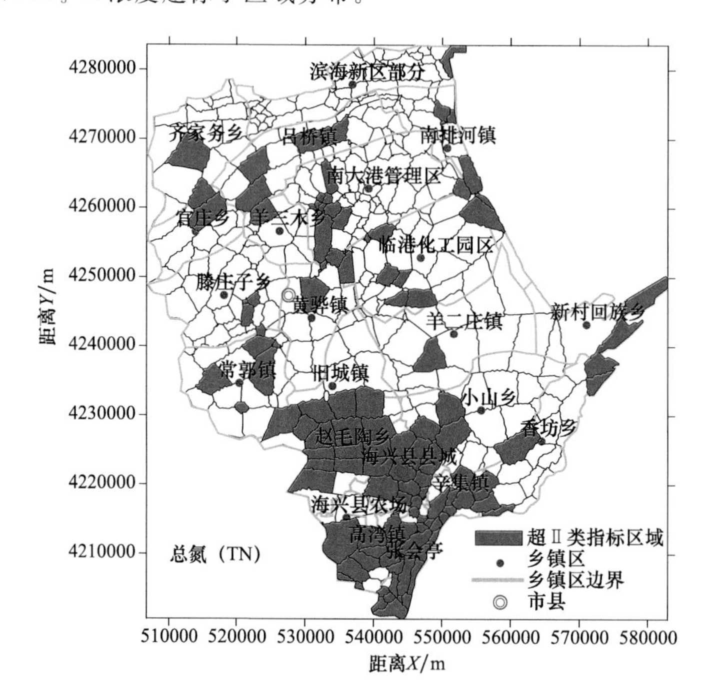

图 5-54　TN 超第Ⅱ类水质子区域分布

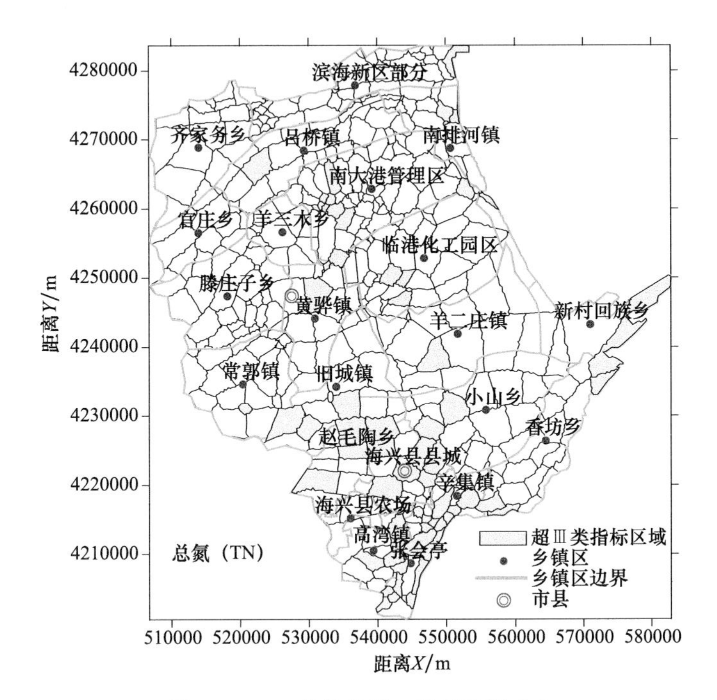

图 5-55　TN 超第Ⅲ类水质子区域分布

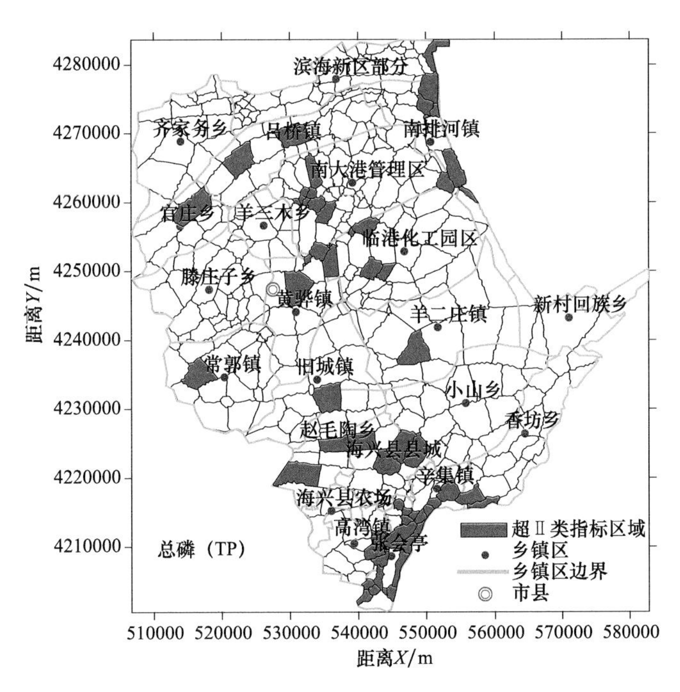

图 5-56　TP 超第Ⅱ类水质子区域分布

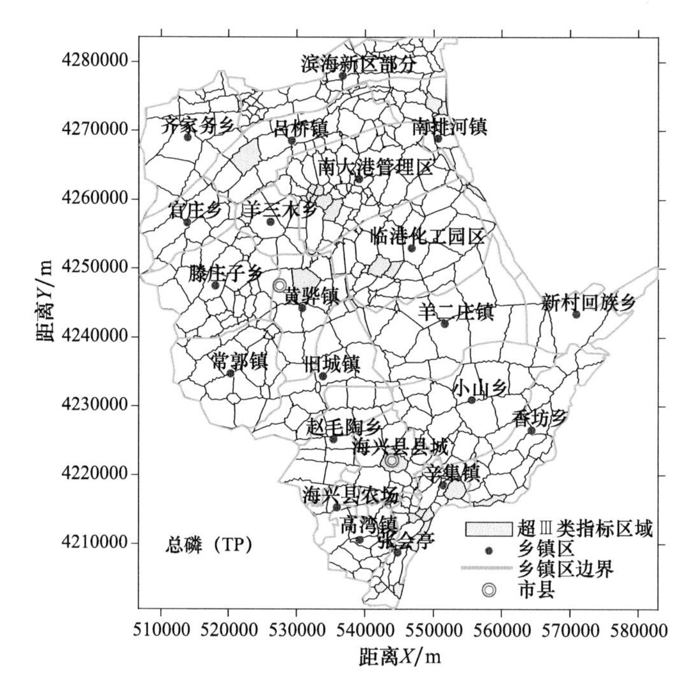

图 5-57　TP 超第Ⅲ类水质子区域分布

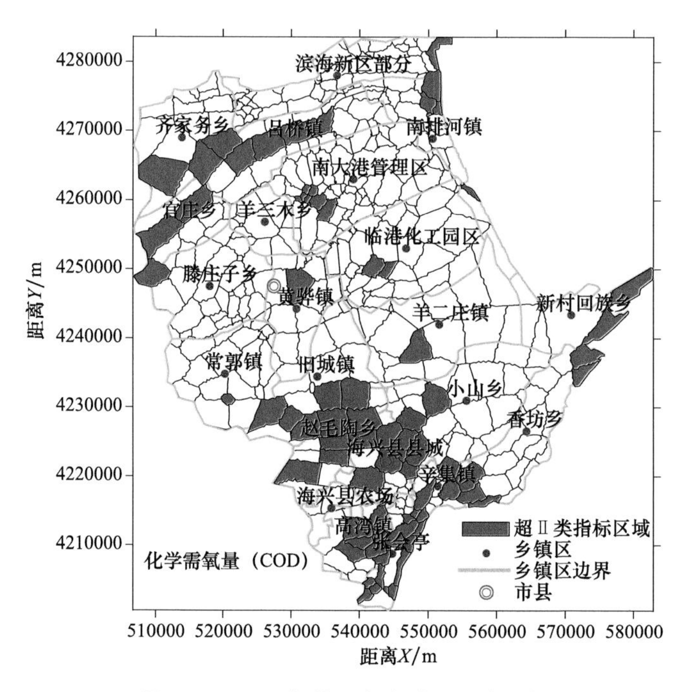

图 5-58　COD 超第Ⅱ类水质子区域分布

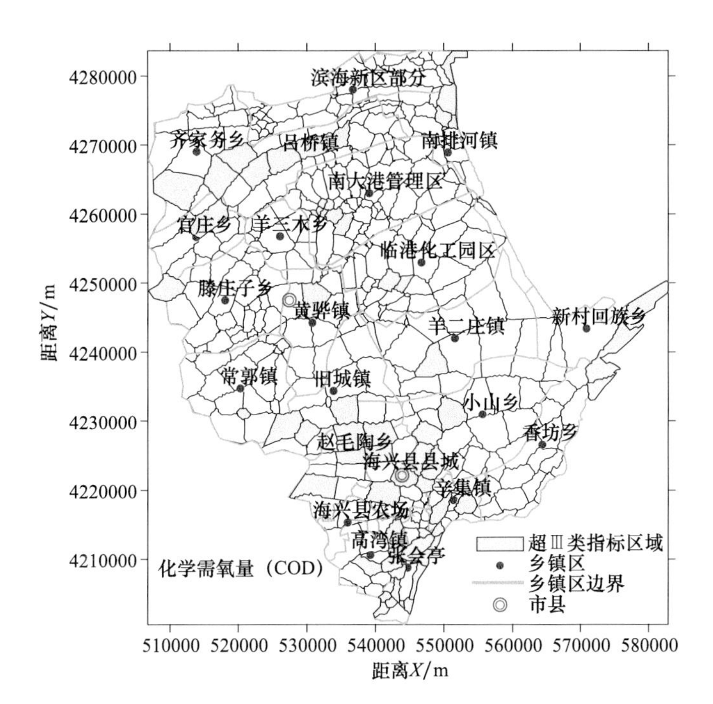

图 5-59 COD 超第Ⅲ类水质子区域分布

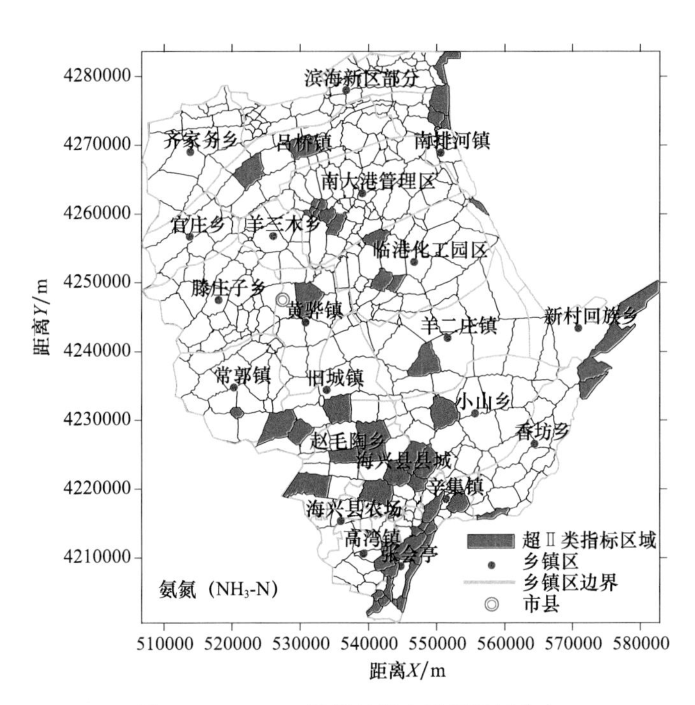

图 5-60 NH_3-N 超第Ⅱ类水质子区域分布

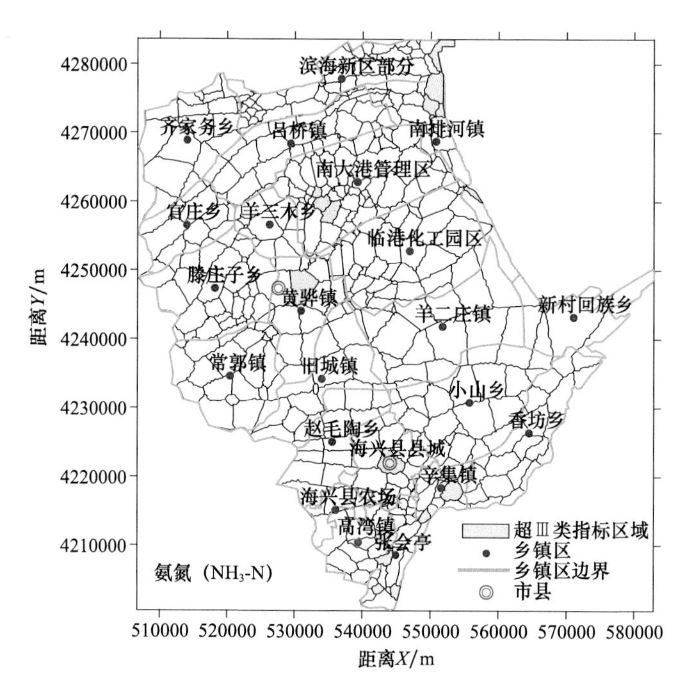

图 5-61　NH_3-N 超第Ⅲ类水质子区域分布

表 5-19 为 2 a 一遇年雨量情况下，年污染元素浓度的特征数据。可以看出，第Ⅱ类水质标准情况下，TN 超标子区域数最多，达 110 个，覆盖面积 16925.7 万 m^2，高出指标平均倍数为 2.638 倍，高出指标最大倍数为 12.902 倍，出现在海兴县城所在子区域内，子区域序号为 359 号。第Ⅲ类水质标准情况下，TN 超标子区域数最多，达 63 个，覆盖面积 14808.5 万 m^2，高出指标平均倍数为 1.824 倍，高出指标最大倍数为 6.451 倍，出现在海兴县城所在子区域内，子区域序号为 359 号。由于 2 a 一遇年雨量小于 2015 年年雨量，所以各项污染元素浓度特征数据均大于 2015 年年雨量情况下各项污染元素浓度特征数据。但由于重现期雨量分布与 2015 年年雨量分布不同，以至于各项特征数据并不是一致增减。

表 5-19　2 a 一遇年雨量污染元素浓度的特征数据

污染元素	水质类别	指标/(mg/L)	超标区数	平均倍数	最大倍数	超标面积/万 m^2	子区域序号	地区
TN	Ⅱ	≤0.5	110	2.638	12.902	16925.7	359	海兴县
TP	Ⅱ	≤0.1	56	2.197	7.720	14797.3	175	黄骅市
COD	Ⅱ	≤15.0	70	2.260	8.353	18992.2	359	海兴县
NH_3-N	Ⅱ	≤0.5	50	1.993	8.644	14904.7	175	黄骅市
TN	Ⅲ	≤1.0	63	1.824	6.451	14808.5	359	海兴县
TP	Ⅲ	≤0.2	24	1.632	3.860	8028.2	175	黄骅市

续表

污染元素	水质类别	指标/(mg/L)	超标区数	平均倍数	最大倍数	超标面积/万 m^2	子区域序号	地区
COD	Ⅲ	≤20.0	58	1.867	6.265	19670.3	359	海兴县
NH_3-N	Ⅲ	≤1.0	14	1.676	4.322	4687.4	175	黄骅市

表 5-20 为 2 a 一遇年雨量情况下，各河口污染元素浓度。可以看出，子牙新河、北排河、沧浪渠、南排河、宣惠河和漳卫新河河口超标较严重，其中，沧浪渠和南排河河口 4 种污染元素浓度均较第Ⅱ和Ⅲ类水质超标，较 5 a 一遇年雨量情况下，年污染元素浓度均有增加。

表 5-20 2 a 一遇年雨量各河口污染元素浓度 单位：mg/L

污染元素	TN	TP	COD	NH_3-N
子牙新河河口	17.363↑↑	0.156↑	153.026↑↑	22.183↑↑
北排河河口	0.231	0.141↑	220.117↑↑	1.357↑↑
沧浪渠河口	2.167↑↑	0.362↑↑	25.929↑↑	1.050↑↑
捷地减河河口	0.149	0.025	1.702	0.073
石碑河河口	0.149	0.025	1.702	0.074
廖家洼渠河口	0.802↑	0.138↑	9.551	0.391↑↑
南排河河口	2.212↑↑	0.400↑↑	178.410↑↑	4.114↑↑
新黄南排河口	0.166	0.028	1.890	0.083
宣惠河河口	1.954↑↑	0.042	41.643↑↑	0.836↑
漳卫新河河口	1.999↑↑	0.043	42.896↑↑	0.858↑

注：↑表示较第Ⅱ类水质超标，↑↑表示较第Ⅱ和Ⅲ类水质同时超标。

5.4.1.4 现状条件下地表水环境评价

2 a 一遇年雨量情况是发生频率较高的地表水环境条件，以此为水资源条件，与第Ⅲ类水质指标比较，进行现状条件下地表水环境污染元素浓度达标的评价分析。

(1)TN 浓度评估结果。各子区域 TN 浓度评估结果如表 5-21 所示。

表 5-21 各子区域 TN 浓度评估表

编号	TN 浓度/(mg/L)	标准值/(mg/L)	是否超标	超标倍数
1	0.031	1.00	达标	
2	0.152	1.00	达标	
3	0.136	1.00	达标	
4	1.029	1.00	超标	0.03
5	0.278	1.00	达标	
6	0.678	1.00	达标	
7	1.385	1.00	超标	0.39

续表

编号	TN 浓度/(mg/L)	标准值/(mg/L)	是否超标	超标倍数
8	1.364	1.00	超标	0.36
9	1.499	1.00	超标	0.50
10	0.004	1.00	达标	
11	0.004	1.00	达标	
12	3.118	1.00	超标	2.12
……				
392	0.032	1.00	达标	
393	0.329	1.00	达标	
394	1.809	1.00	超标	0.81
395	0.040	1.00	达标	
396	0.147	1.00	达标	
397	0.401	1.00	达标	

在研究区域中，共 46 个子区域 TN 浓度超标，占总子区域个数的 11.59%。TN 平均浓度值为 0.479 mg/L，低于标准值，出流浓度超过均值的子区域有 98 个。超标子区域中浓度最大的是 329 号子区域，为子牙新河河口处，TN 浓度 19.725 mg/L，超标 18.73 倍。其余超标较严重的有 175 号、359 号子区域，分别超标 4.55 倍、3.35 倍，分别位于黄骅镇、海兴县县城，主要原因为 TN 排放量较多，TN 超标子区域位置如图 5-62 所示。从图中可以看出，超标区域分布较为集中的还有南大港管理区及张会亭乡附近，主要是南大港管理区 TN 排放量较多。

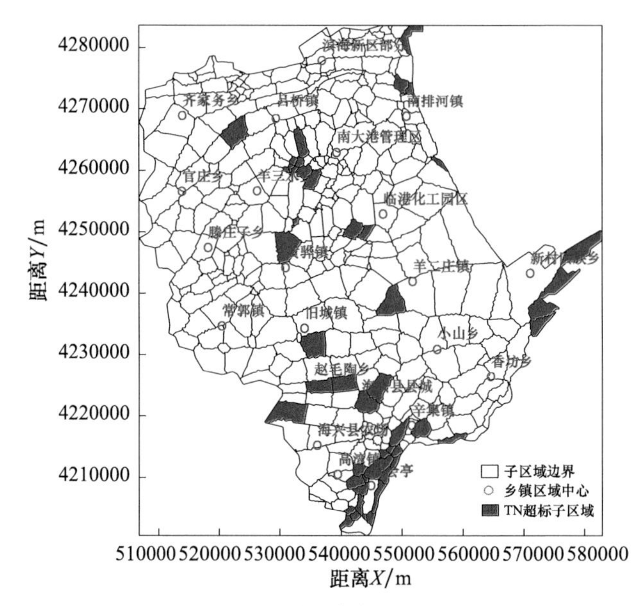

图 5-62　TN 浓度超标子区域分布

(2)TP浓度评估结果。各子区域TP浓度评估结果如表5-22所示。

表5-22 各子区域TP浓度评估表

编号	TP浓度/(mg/L)	标准值/(mg/L)	是否超标	超标倍数
1	0.005	0.20	达标	
2	0.027	0.20	达标	
3	0.024	0.20	达标	
4	0.170	0.20	达标	
5	0.049	0.20	达标	
6	0.118	0.20	达标	
7	0.146	0.20	达标	
8	0.108	0.20	达标	
9	0.032	0.20	达标	
10	0.001	0.20	达标	
11	0.001	0.20	达标	
12	0.248	0.20	超标	0.24
……				
392	0.006	0.20	达标	
393	0.054	0.20	达标	
394	0.324	0.20	超标	0.62
395	0.007	0.20	达标	
396	0.011	0.20	达标	
397	0.069	0.20	达标	

在研究区域中,共18个子区域TP浓度超标,占总子区域个数的4.53%。TP平均浓度值为0.053 mg/L,低于标准值,出流浓度超过均值的子区域有125个。超标子区域中浓度最大的是175号子区域,即黄骅镇附近,TP浓度0.686 mg/L,超标2.43倍。

(3)COD浓度评估结果。各子区域COD浓度评估结果如表5-23所示。

表5-23 各子区域COD浓度评估表

编号	COD浓度/(mg/L)	标准值/(mg/L)	是否超标	超标倍数
1	0.376	20.00	达标	
2	1.887	20.00	达标	
3	1.684	20.00	达标	
4	13.567	20.00	达标	
5	3.390	20.00	达标	

续表

编号	COD 浓度/(mg/L)	标准值/(mg/L)	是否超标	超标倍数
6	8.239	20.00	达标	
7	25.343	20.00	超标	0.27
8	28.874	20.00	超标	0.44
9	32.164	20.00	超标	0.61
10	0.045	20.00	达标	
11	0.045	20.00	达标	
12	65.838	20.00	超标	2.29
……				
392	0.401	20.00	达标	
393	3.933	20.00	达标	
394	145.840	20.00	超标	6.29
395	0.483	20.00	达标	
396	0.116	20.00	达标	
397	4.675	20.00	达标	

在研究区域中，共 49 个子区域 COD 浓度超标，占总子区域个数的 12.34%。COD 平均浓度值为 8.660 mg/L，低于标准值，出流浓度超过均值的子区域有 95 个。超标子区域中浓度最大的是 285 号子区域，为北排河河口处，COD 浓度 294.589 mg/L，超标 13.73 倍。其余超标较为严重的有 329 号、394 号子区域，分别为子牙新河河口、南排河河口，分别超标 7.69 倍、6.29 倍。COD 浓度超标集中在吕桥镇及张会亭乡，主要是因为吕桥镇 COD 排放量较多，而张会亭乡地势较高、蓄水量较小。

(4)NH_3-N 浓度评估结果。各子区域 NH_3-N 浓度评估结果如表 5-24 所示。

表 5-24　各子区域 NH_3-N 浓度评估表

编号	NH_3-N 浓度/(mg/L)	标准值/(mg/L)	是否超标	超标倍数
1	0.014	1.00	达标	
2	0.067	1.00	达标	
3	0.060	1.00	达标	
4	0.455	1.00	达标	
5	0.127	1.00	达标	
6	0.308	1.00	达标	
7	0.632	1.00	达标	
8	0.607	1.00	达标	
9	0.643	1.00	达标	

续表

编号	NH_3-N 浓度/(mg/L)	标准值/(mg/L)	是否超标	超标倍数
10	0.002	1.00	达标	
11	0.002	1.00	达标	
12	1.392	1.00	超标	0.39
……				
392	0.015	1.00	达标	
393	0.159	1.00	达标	
394	3.340	1.00	超标	2.34
395	0.019	1.00	达标	
396	0.017	1.00	达标	
397	0.197	1.00	达标	

在研究区域中，共 17 个子区域 NH_3-N 浓度超标，占总子区域个数的 4.28%。NH_3-N 平均浓度值为 0.232 mg/L，低于标准值，出流浓度超过均值的子区域有 105 个。超标子区域中浓度最大的是 329 号子区域，为子牙新河河口，NH_3-N 浓度 25.235 mg/L，超标 24.24 倍。其余超标较严重的有 175 号、394 号子区域，为黄骅镇、南排河河口。

(5)根据各子区域 4 种污染物的评估结果，对研究区域的子区域进行地表水环境评价。研究区域中，共有 59 个子区域超标，占总子区域个数的 14.86 %。其中，超标最严重的 5 个子区域为 175 号、285 号、329 号、359 号、394 号，即黄骅镇、北排河河口、子牙新河河口、海兴县县城、南排河河口。

5.4.2 现状生态环境综合评价

5.4.2.1 评价指标体系构建

根据 PSR 模型评价指标选择原则，结合研究区域的实际情况，建立 PSR 模型评价指标体系。压力指标分为：人口压力指标 2 项，经济压力指标 5 项，环境压力指标 4 项。状态指标分为：资源状态指标 2 项，环境状态指标 6 项，生态状态指标 3 项。响应指标分为：环境响应指标 5 项，经济响应指标 2 项，社会响应指标 3 项。其构建渤海新区海岸带生态环境评价模型(PSR 模型)的评价指标体系，共 32 个指标。

5.4.2.2 数据标准化结果

采用差值法，根据评价理论中的各公式，对各子区域的现状及规划条件下各项评价指标数据进行标准化处理，现状条件下数据标准化结果见表 5-25。

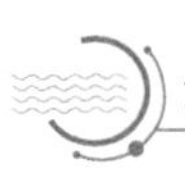

表 5-25 现状条件下各子区域各评价指标数据进行标准化处理结果

	C_1	C_2	C_3	C_4	C_5	C_6	C_7	D_1	D_2	D_3	D_4	D_5	D_6	C_9	D_7	D_8
1	0.50	0.50	0.50	0.50	0.50	0.50	0.50	0.941	0.941	0.941	0.997	0.999	0.941	0.941	0.941	0.941
2	0.50	0.50	0.50	0.50	0.50	0.50	0.50	0.934	0.934	0.934	0.986	0.992	0.934	0.934	0.934	0.934
3	0.50	0.50	0.50	0.50	0.50	0.50	0.50	0.934	0.934	0.934	0.987	0.993	0.934	0.934	0.934	0.934
4	0.50	0.50	0.50	0.50	0.50	0.50	0.50	0.940	0.940	0.940	0.918	0.953	0.940	0.940	0.940	0.940
5	0.50	0.50	0.50	0.50	0.50	0.50	0.50	0.943	0.943	0.943	0.979	0.987	0.943	0.943	0.943	0.943
6	0.50	0.50	0.50	0.50	0.50	0.50	0.50	0.972	0.972	0.972	0.976	0.985	0.972	0.972	0.972	0.972
7	0.50	0.50	0.50	0.50	0.50	0.50	0.50	0.919	0.919	0.919	0.919	0.952	0.919	0.919	0.919	0.919
8	0.50	0.50	0.50	0.50	0.50	0.50	0.50	0.926	0.926	0.926	0.961	0.978	0.926	0.926	0.926	0.926
9	0.50	0.50	0.50	0.50	0.50	0.50	0.50	0.902	0.902	0.902	0.998	0.998	0.902	0.902	0.902	0.902
10	0.50	0.50	0.50	0.50	0.50	0.50	0.50	0.775	0.775	0.775	0.999	0.999	0.775	0.775	0.775	0.775
11	0.50	0.50	0.50	0.50	0.50	0.50	0.50	0.900	0.900	0.900	0.999	1.000	0.900	0.900	0.900	0.900
12	0.50	0.50	0.50	0.50	0.50	0.50	0.50	0.964	0.964	0.964	0.956	0.976	0.964	0.964	0.964	0.964
13	0.50	0.50	0.50	0.50	0.50	0.50	0.50	0.991	0.991	0.991	0.993	0.996	0.991	0.991	0.991	0.991
14	0.50	0.50	0.50	0.50	0.50	0.50	0.50	0.971	0.971	0.971	0.965	0.981	0.971	0.971	0.971	0.971
15	0.50	0.50	0.50	0.50	0.50	0.50	0.50	0.965	0.965	0.965	0.949	0.970	0.965	0.965	0.965	0.965
								……								
395	0.50	0.50	0.50	0.50	0.50	0.50	0.50	0.978	0.978	0.978	0.999	0.999	0.978	0.978	0.978	0.978
396	0.50	0.50	0.50	0.50	0.50	0.50	0.50	0.816	0.816	0.816	0.998	0.996	0.816	0.816	0.816	0.816
397	0.50	0.50	0.50	0.50	0.50	0.50	0.50	0.846	0.846	0.846	0.938	0.960	0.846	0.846	0.846	0.846

续表

	C_{11}	C_{12}	C_{13}	C_{14}	C_{15}	C_{16}	C_{17}	C_{18}	C_{19}	C_{20}	C_{21}	C_{22}	C_{23}	C_{24}	C_{25}	C_{26}
1	0.50	0.059	0.50	0.50	0.50	0.50	0.50	0.50	0.50	0.50	0.50	0.50	0.059	0.50	0.50	0.50
2	0.50	0.066	0.50	0.50	0.50	0.50	0.50	0.50	0.50	0.50	0.50	0.50	0.066	0.50	0.50	0.50
3	0.50	0.066	0.50	0.50	0.50	0.50	0.50	0.50	0.50	0.50	0.50	0.50	0.066	0.50	0.50	0.50
4	0.50	0.060	0.50	0.50	0.50	0.50	0.50	0.50	0.50	0.50	0.50	0.50	0.060	0.50	0.50	0.50
5	0.50	0.057	0.50	0.50	0.50	0.50	0.50	0.50	0.50	0.50	0.50	0.50	0.057	0.50	0.50	0.50
6	0.50	0.028	0.50	0.50	0.50	0.50	0.50	0.50	0.50	0.50	0.50	0.50	0.028	0.50	0.50	0.50
7	0.50	0.081	0.50	0.50	0.50	0.50	0.50	0.50	0.50	0.50	0.50	0.50	0.081	0.50	0.50	0.50
8	0.50	0.074	0.50	0.50	0.50	0.50	0.50	0.50	0.50	0.50	0.50	0.50	0.074	0.50	0.50	0.50
9	0.50	0.098	0.50	0.50	0.50	0.50	0.50	0.50	0.50	0.50	0.50	0.50	0.098	0.50	0.50	0.50
10	0.50	0.225	0.50	0.50	0.50	0.50	0.50	0.50	0.50	0.50	0.50	0.50	0.225	0.50	0.50	0.50
11	0.50	0.100	0.50	0.50	0.50	0.50	0.50	0.50	0.50	0.50	0.50	0.50	0.100	0.50	0.50	0.50
12	0.50	0.036	0.50	0.50	0.50	0.50	0.50	0.50	0.50	0.50	0.50	0.50	0.036	0.50	0.50	0.50
13	0.50	0.009	0.50	0.50	0.50	0.50	0.50	0.50	0.50	0.50	0.50	0.50	0.009	0.50	0.50	0.50
14	0.50	0.029	0.50	0.50	0.50	0.50	0.50	0.50	0.50	0.50	0.50	0.50	0.029	0.50	0.50	0.50
15	0.50	0.035	0.50	0.50	0.50	0.50	0.50	0.50	0.50	0.50	0.50	0.50	0.035	0.50	0.50	0.50
……																
395	0.50	0.022	0.50	0.50	0.50	0.50	0.50	0.50	0.50	0.50	0.50	0.50	0.022	0.50	0.50	0.50
396	0.50	0.184	0.50	0.50	0.50	0.50	0.50	0.50	0.50	0.50	0.50	0.50	0.184	0.50	0.50	0.50
397	0.50	0.154	0.50	0.50	0.50	0.50	0.50	0.50	0.50	0.50	0.50	0.50	0.154	0.50	0.50	0.50

5.4.2.3 权重确定

在构建判断矩阵时，采用专家对评价体系中各指标进行比较打分，按照层次分析法得到综合判断矩阵。层次单排序计算结果和一致性检验计算结果见表5-26，32个指标的层次总排序权重结果见表5-27。表5-27中，序号1～12为压力指标，序号13～22为状态指标，序号23～32为响应指标。

表5-26 主要指标权重判断矩阵及一致性检验

							权重系数	一致性检验
A	A_1	A_2	A_3					
A_1	1	1	2				0.4000	$\lambda_{max}=3$
A_2	1	1	2				0.4000	$CI=0$
A_3	1/2	1/2	1				0.2000	
A_1B	B_1	B_2	B_3					
B_1	1	1/3	1/5				0.1062	$\lambda_{max}=3.0387$
B_2	3	1	1/3				0.2604	$CI=0.0194$
B_3	5	3	1				0.6334	$CR=0.0334<0.1$
A_1B_1C	C_1	C_2						
C_1	1	1					0.5000	$\lambda_{max}=2$
C_2	1	1					0.5000	$CI=0$
A_1B_2C	C_3	C_4	C_5	C_6	C_7			
C_3	1	1	3	3	2		0.3130	
C_4	1	1	3	3	2		0.3130	$\lambda_{max}=5.0132$
C_5	1/3	1/3	1	1	1/2		0.0988	$CI=0.0033$
C_6	1/3	1/3	1	1	1/2		0.0988	$CR=0.0029<0.1$
C_7	1/2	1/2	2	2	1		0.1764	
A_1B_3C	C_8	C_9	C_{10}					
C_8	1	3	4				0.6232	$\lambda_{max}=3.0183$
C_9	1/3	1	2				0.2395	$CI=0.0092$
C_{10}	1/4	1/2	1				0.1373	$CR=0.0159<0.1$
$A_1B_3C_8D$	D_1	D_2	D_3	D_4	D_5	D_6		
D_1	1	1	5	2	2	7	0.2915	$\lambda_{max}=6.0713$
D_2	1	1	5	2	2	7	0.2915	$CI=0.0143$
D_3	1/5	1/5	1	1/3	1/3	3	0.0644	$CR=0.0115<0.1$
D_4	1/2	1/2	3	1	1	5	0.1595	
D_5	1/2	1/2	3	1	1	5	0.1595	
D_6	1/7	1/7	1/3	1/5	1/5	1	0.0336	

续表

							权重系数	一致性检验
$A_1B_3C_{10}$	D_7	D_8						
D_7	1	1					0.5000	$\lambda_{max}=2$ $CI=0$
D_8	1	1					0.5000	
A_2B	B_4	B_5	B_6					
B_4	1	1	5				0.4545	$\lambda_{max}=3$ $CI=0$
B_5	1	1	5				0.4545	
B_6	1/5	1/5	1				0.0910	
A_2B_4C	C_{11}	C_{12}						
C_{11}	1	1					0.5000	$\lambda_{max}=2$ $CI=0$
C_{12}	1	1					0.5000	
A_2B_5C	C_{13}	C_{14}	C_{15}	C_{16}				
C_{13}	1	1/3	1/5	1/7			0.0569	$\lambda_{max}=4.1185$ $CI=0.0395$ $CR=0.0439<0.1$
C_{14}	3	1	1/3	1/5			0.1219	
C_{15}	5	3	1	1/3			0.2633	
C_{16}	7	5	3	1			0.5579	
A_2B_6C	C_{17}	C_{18}	C_{19}					
C_{17}	1	3	3				0.6000	$\lambda_{max}=3$ $CI=0$
C_{18}	1/3	1	1				0.2000	
C_{19}	1/3	1	1				0.2000	
A_3B	B_7	B_8	B_9					
B_7	1	1	2				0.4000	$\lambda_{max}=3$ $CI=0$
B_8	1	1	2				0.4000	
B_9	1/2	1/2	1				0.2000	
A_3B_7C	C_{20}	C_{21}	C_{22}					
C_{20}	1	1	5				0.4545	$\lambda_{max}=3$ $CI=0$
C_{21}	1	1	5				0.4545	
C_{22}	1/5	1/5	1				0.0910	
A_3B_8C	C_{23}	C_{24}						
C_{23}	1	1					0.5000	$\lambda_{max}=2$ $CI=0$
C_{24}	1	1					0.5000	
A_3B_9C	C_{25}	C_{26}						
C_{25}	1	1					0.5000	$\lambda_{max}=2$ $CI=0$
C_{26}	1	1					0.5000	

表 5-27　层次总排序权重

<table>
<tr><th>序号</th><th>指标</th><th>A 层</th><th>B 层</th><th>C 层</th><th>D 层</th><th>指标权重</th></tr>
<tr><td>1</td><td>人口自然增长率</td><td rowspan="15">0.4000</td><td rowspan="2">0.1062</td><td>0.5000</td><td></td><td>0.0212</td></tr>
<tr><td>2</td><td>人口密度</td><td>0.5000</td><td></td><td>0.0212</td></tr>
<tr><td>3</td><td>海洋产业产值增长率</td><td rowspan="5">0.2604</td><td>0.3130</td><td></td><td>0.0326</td></tr>
<tr><td>4</td><td>海洋产业产值占 GDP 比重</td><td>0.3130</td><td></td><td>0.0326</td></tr>
<tr><td>5</td><td>人均 GDP</td><td>0.0988</td><td></td><td>0.0103</td></tr>
<tr><td>6</td><td>GDP 增长率</td><td>0.0988</td><td></td><td>0.0103</td></tr>
<tr><td>7</td><td>单位海岸线港口吞吐量</td><td>0.1764</td><td></td><td>0.0184</td></tr>
<tr><td>8</td><td>工业废水排放量</td><td rowspan="8">0.6334</td><td rowspan="6">0.6232</td><td>0.2915</td><td>0.0460</td></tr>
<tr><td>9</td><td>生活污水排放量</td><td>0.2915</td><td>0.0460</td></tr>
<tr><td>10</td><td>工业固体废物产生量</td><td>0.0644</td><td>0.0102</td></tr>
<tr><td>11</td><td>COD 排放总量</td><td>0.1595</td><td>0.0252</td></tr>
<tr><td>12</td><td>NH_3-N 排放总量</td><td>0.1595</td><td>0.0252</td></tr>
<tr><td>13</td><td>旅游人数</td><td>0.0336</td><td>0.0053</td></tr>
<tr><td>14</td><td>滩涂围垦面积</td><td>0.2395</td><td></td><td>0.0607</td></tr>
<tr><td>15</td><td>海水养殖面积</td><td>0.1373</td><td>0.5000</td><td>0.0174</td></tr>
<tr><td>16</td><td>海洋捕捞量</td><td></td><td></td><td></td><td>0.5000</td><td>0.0174</td></tr>
<tr><td>17</td><td>植被覆盖率</td><td rowspan="9">0.4000</td><td>0.4545</td><td>0.5000</td><td></td><td>0.0908</td></tr>
<tr><td>18</td><td>滩涂面积</td><td></td><td>0.5000</td><td></td><td>0.0908</td></tr>
<tr><td>19</td><td>空气质量优良率</td><td rowspan="4">0.4545</td><td>0.0569</td><td></td><td>0.0104</td></tr>
<tr><td>20</td><td>主要河流水质大于第Ⅲ类比例</td><td>0.1219</td><td></td><td>0.0222</td></tr>
<tr><td>21</td><td>海水功能区达标率</td><td>0.2633</td><td></td><td>0.0479</td></tr>
<tr><td>22</td><td>近岸海域水质平均达标率</td><td>0.5579</td><td></td><td>0.1014</td></tr>
<tr><td>23</td><td>底栖生物多样性指数</td><td rowspan="3">0.0910</td><td>0.6000</td><td></td><td>0.0218</td></tr>
<tr><td>24</td><td>浮游动物生物多样性指数</td><td>0.2000</td><td></td><td>0.0073</td></tr>
<tr><td>25</td><td>浮游植物生物多样性指数</td><td>0.2000</td><td></td><td>0.0073</td></tr>
<tr><td>26</td><td>工业废水达标排放率</td><td rowspan="7">0.2000</td><td rowspan="3">0.4000</td><td>0.4545</td><td></td><td>0.0364</td></tr>
<tr><td>27</td><td>污水处理率</td><td>0.4545</td><td></td><td>0.0364</td></tr>
<tr><td>28</td><td>工业废固综合利用率</td><td>0.0910</td><td></td><td>0.0073</td></tr>
<tr><td>29</td><td>湿地生态园面积/自然保护区面积</td><td rowspan="2">0.4000</td><td>0.5000</td><td></td><td>0.0400</td></tr>
<tr><td>30</td><td>污染治理总额占地区财政收入比例</td><td>0.5000</td><td></td><td>0.0400</td></tr>
<tr><td>31</td><td>水利、环境事业人均劳动报酬与平均工资比例</td><td rowspan="2">0.2000</td><td>0.5000</td><td></td><td>0.0200</td></tr>
<tr><td>32</td><td>第三产业产值占地区生产收入比例</td><td>0.5000</td><td></td><td>0.0200</td></tr>
</table>

5.4.2.4 综合评价指数计算结果

结合综合评价指数的评判等级，计算各子区域的综合评价指数，可以得到现状条件下综合评价指数的空间分布，如图 5-63 所示。综合评价指数在大部分空间上变化幅度不大，只在某些区域剧烈增大，即生态环境综合情况一致。研究区域内大多数子区域的综合评价指数处于 0.50～0.75，即整个研究区域的生态环境状态处于预警状态，说明渤海新区海岸带的生态环境受到一定程度的破坏，但其基本功能仍可实现。

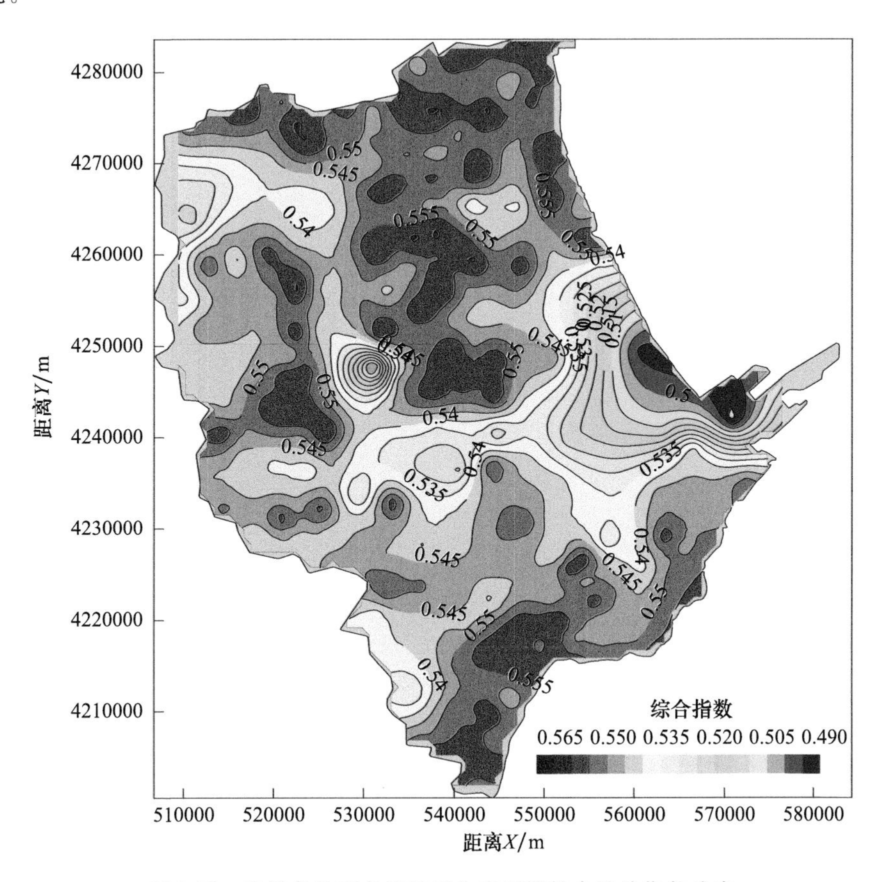

图 5-63 现状条件下各子区域生态环境综合评价指数分布

主要参考书目

毕延凤,温小虎,赵平萍,等,2012. 海岸带陆源水污染负荷模型研究[J]. 人民黄河,34(7):68-70.

陈克亮,朱晓东,王金坑,等,2007. 厦门市海岸带水污染负荷估算及预测[J]. 应用生态学报,(9):2091-2096.

陈友媛,惠二青,金春姬,等,2003. 非点源污染负荷的水文估算方法[J]. 环境科学研究,(1):10-13.

顾利军,2017. 洋河水库流域系统水环境联合数学模型研究与应用[D]. 天津:天津大学.

李家科,李亚娇,李怀恩,等,2011. 非点源污染负荷预测的多变量灰色神经网络模型[J]. 西北农林科技大学学报(自然科学版),39(3):229-234.

廖丹,2010. 海岸带开发的生态效应评价研究[D]. 海口:海南大学.

麻德明,石洪华,丰爱平,2014. 基于流域单元的海湾农业非点源污染负荷估算——以莱州湾为例[J]. 生态学报,34(1):173-181.

宁立新,马兰,周云凯,等,2016. 基于PSR模型的江苏海岸带生态系统健康时空变化研究[J]. 中国环境科学,36(2):534-543.

乔卫芳,牛海鹏,赵同谦,2013. 基于SWAT模型的丹江口水库流域农业非点源污染的时空分布特征[J]. 长江流域资源与环境,22(2):219-225.

渠开跃,2005. 河北省海岸带生态环境现状与生态防护功能研究[D]. 石家庄:河北师范大学.

王翠,王金坑,张学庆,等,2010. 胶州湾海岸带生态系统综合评价研究[C]//中国环境科学学会.2010中国环境科学学会学术年会论文集(第一卷). 北京:中国环境出版社:707-712.

王红莉,姜国强,陶建华,2005. 海岸带污染负荷预测模型及其在渤海湾的应用[J]. 环境科学学报,(3):307-312.

王奎峰,李娜,于学峰,等,2014. 基于P-S-R概念模型的生态环境承载力评价指标体系研究——以山东半岛为例[J]. 环境科学学报,34(8):2133-2139.

翁嫦华,2007. 近岸海域生态系统健康与生态安全评价及其在生态系统管理中的应用研究[D]. 厦门:厦门大学.

夏军,翟晓燕,张永勇,2012. 水环境非点源污染模型研究进展[J]. 地理科学进展,31(7):941-952.

徐国栋,刘振乾,李爱芬,等,2003. 广州市海岸带生态环境现状及保护[J]. 生态科学,(2):153-157.

张长宽,陈欣迪,2016. 海岸带滩涂资源的开发利用与保护研究进展[J]. 河海大学学报(自然科学版),44(1):25-33.

张继权,伊坤朋,Hiroshi T,等,2011. 基于 DPSIR 的吉林省白山市生态安全评价[J]. 应用生态学报,22(1):189-195.

Almasri M,Kaluarachchi J,2007. Modeling nitrate contamination of groundwater in agricultural watersheds[J]. Journal of Hydrology,343(3-4):211-229.

Gentry S J,Bartram J,2014. Human health and the water environment:Using the DPSEEA framework to identify the driving forces of disease[J]. Science of the Total Environment,468-469:306-314.

Hansen B,Alrøe H F,Kristensen E S,2001. Approaches to assess the environmental impact of organic farming with particular regard to Denmark[J]. Agriculture,Ecosystems and Environment,83(1):11-26.

Jeon J,Yoon C G,Donigian A S,et al,2007. Development of the HSPF-Paddy model to estimate watershed pollutant loads in paddy farming regions[J]. Agricultural Water Management,90(1-2):75-86.

Whitall D,Bricker S,Ferreira J,et al,2007. Assessment of eutrophication in estuaries:Pressure-State-Response and nitrogen source apportionment[J]. Environmental Management,40(4):678-690.